日常と非日常からみる
こころと脳の科学

宮崎　真
阿部　匡樹　【ほか編著】
山田　祐樹

コロナ社

● 執筆関係者一覧 ●

○**企画・編者**

宮崎　真（静岡大学）

阿部　匡樹（北海道大学）

山田　祐樹（九州大学）

○**編　者**（五十音順）

井隼　経子（九州大学）：トピック 14, 15, 17, 21

小野　史典（山口大学）：トピック 3, 7, 8, 23，用語集

門田　浩二（大阪大学）：トピック 10, 11

門田　宏（高知工科大学）：トピック 2, 11, 19, 20，用語集

河内山隆紀（ATR-Promotions）：トピック 24, 25，用語集

高橋　康介（中京大学）：トピック 9, 18, 22, 26，用語集

戸松　彩花（国立精神・神経医療研究センター）：トピック 10, ex，用語集

羽倉　信宏（情報通信研究機構）：トピック 1, 4, 5, 12，用語集

平島　雅也（情報通信研究機構）：トピック 6, 16, ex，用語集

吉田　真一（高知工科大学）：トピック ex，用語集

○**執筆者**（五十音順）

阿部　匡樹（北海道大学）：トピック 13, 16

荒牧　勇（中京大学）：トピック 24

有賀　敦紀（広島大学）：トピック 15

池上　剛（情報通信研究機構）：トピック 9

井隼　経子（九州大学）：トピック 22, 23

大泉　匡史（株式会社アラヤ）：トピック 26

小野　史典（山口大学）：トピック 1, 14

門田　宏（高知工科大学）：トピック 10

狩野　芳伸（静岡大学）：トピック ex

黒田　剛士（元 静岡大学，現在 ヤマハ発動機株式会社）：トピック 5

鈴木　迪諒（総合研究大学院大学）：トピック 12

高橋　康介（中京大学）：トピック 2, 3

田中　章浩（東京女子大学）：トピック 21

西村　幸男（東京都医学総合研究所）：トピック 12

羽倉　信宏（情報通信研究機構）：トピック 7

平島　雅也（情報通信研究機構）：トピック 11

宮崎　真（静岡大学）：トピック 4, 6

宮脇　陽一（電気通信大学）：トピック 25

山田　祐樹（九州大学）：トピック 8, 20

吉江　路子（産業技術総合研究所）：トピック 19

渡邊　克巳（早稲田大学）：トピック 17, 18

○**「用語集」執筆協力者**（五十音順）

関口　浩文（上武大学）　　竹内　成生（上武大学）　　西尾　慶之（東北大学）

○**編集協力**

二橋　圭（静岡大学）

（所属は 2017 年 6 月現在）

まえがき

　私たちが心理学や神経科学の講義をしていて気づくことがあります。それ
は，受講生の関心と理解を促すには（あるいは眠気を防ぐには），身近な経験
を例に挙げながら解説することや，不思議な錯覚現象を体験してもらうことが
得策だということです。それもそのはずです。私たちが直接みることができる
のは自分自身の「こころ」のみであり，自分自身の実感なしに「こころ」とい
うものを理解することは難しいからです。

　そこで本書は「限定品と聞くと買わずにいられない」「自分でくすぐるとく
すぐったくない」といった日常生活の中でお馴染みの経験，また「危険な経験
はスローモーションに感じる」「人工的に体外離脱を起こせる」といった特殊
条件下で顕わになる不思議な体験を手がかりに，「こころ」とそれを織りなす
「脳」に関する科学的知見を紹介していきます。

本書の特色

　本書は計 27 のトピックから構成されています。前半から中盤にかけては，
非日常的で摩訶不思議な体験を紹介するトピック，そして，日常の生活，ス
ポーツ，学習，社会性などにまつわるトピックで構成されています。終盤は，
脳情報デコーディング，意識の統合情報理論といった最先端トピックで幕を閉
じます。さらに，追加トピックとして人工知能も取り上げています。

　また，本書で特筆すべきは，心理学や神経科学ですでに定番となっている知
見だけでなく，最新の知見を紹介するトピックも多数揃えており，そのうち半
数以上は原著論文の著者自身によって執筆されているということです。

本書のねらい

　読者層としては，初学者レベルの大学生を中心に想定しています。心理学や神
経科学を専門としない教養科目の受講者にも興味をもって読んでもらえると同
時に，「こころ」や「脳」に関するテーマで卒業研究に取り組もうとする学生

たちに，これから原著論文をあたっていくための準備段階の教材・資料として利用してもらえることを期待しています。さらには，大学院生以上の読者層に定番知見の復習や最新知見のチェックに役立ててもらえることも目指しました。

　そのため，ページの許す限り図解を心がけ，各トピックに引用文献リストを設けました。また文中のキーワードの理解を深めるための用語集も充実させました。

本書の読み方・使い方

　各トピックはそれぞれ独立に内容が構成されており，タイトルをみて興味をもったトピックから読むことができます。また，一部のトピックの間には関連性もあり，トピック順にも緩やかな筋立てがありますので，順番どおりに読むのもおすすめです。個々の興味や用途に応じて，自由な読み方で楽しんでいただければと思います。

　授業のテキストとして用いる場合，1回の授業の中で一つのトピックをじっくり深めることも，関連するトピックを組み合わせることも可能です。いずれの形でも，授業半期分（15回）の教科書として十分なトピック数となっています。

謝　辞

　本書の制作にあたり，私たちは心理学・神経科学・スポーツ科学で活躍している新進気鋭の研究者に各トピックの執筆をお願いしました。執筆者の皆様には研究や教育でご多忙の中，素晴らしい原稿を作成していただき，かつ私たちのしつこいまでの改訂依頼にも最後まで忍耐強くお付き合いいただきました。

　これらの原稿や用語集の査読・改訂にあたっても，多くの研究者にご協力いただきました（編者一覧参照）。特に脳機能計測に関する用語解説の編集にあたって，河内山隆紀先生（ATR–Promotions）に格別のご尽力をいただきました。加えて，北澤茂先生（大阪大学）から要所要所で大変効果的なご助言をいただきました。

　ご協力いただきました皆様と，皆様を支えたご家族に深謝申し上げます。

2017 年 8 月

宮崎　真・阿部 匡樹・山田 祐樹

目　次

トピック番号

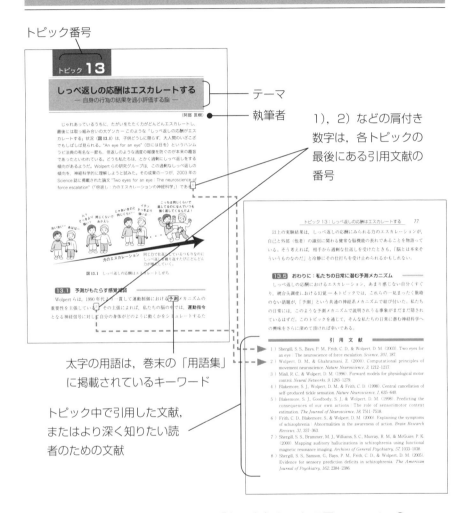

テーマ

執筆者

1），2）などの肩付き
数字は，各トピックの
最後にある引用文献の
番号

太字の用語は，巻末の「用語集」
に掲載されているキーワード

トピック中で引用した文献，
またはより深く知りたい読
者のための文献

● **本書中で使われている「参加者」という用語について** ●

心理学や神経科学の実験・調査に参加して，その行動指標，生理応答，身体特性な
どを測定される者を「参加者（participant）」と呼びます。「被験者（subject）」と
も呼ばれますが，近年は「参加者」を使うことが推奨されています。これに従い，
本書も「参加者」という表記で統一しています。

危険な経験はスローモーション
― 脳は命に関わる出来事を事細かに記憶する ―

（小野　史典）

　物理的には同じ時間でも私たちの感じる心理的時間の長さはさまざまな要因によって実際よりも長く，または短く感じられることが知られている。この心理的時間の伸縮現象の代表例として，交通事故の瞬間に，そのときの出来事がスローモーションのように見えたという話がある（**図1.1**）。Eagleman らの研究グループは，人間が恐怖を感じるときに時間がゆっくり進む現象を，実験により解明しようと試みた。その成果の一つが，2007 年の PLoS ONE 誌に掲載された論文 "Does time really slow down during a frightening event?"（「怖い出来事は本当にゆっくりになるのか？」）である[1]。

図1.1　恐怖を感じるときに時間がゆっくり進む現象

1.1　恐怖体験中のスローモーション現象の実験的検証

　恐怖を感じるときに時間がゆっくり進む現象について，存在自体は多くの人に知られていたが，実験の参加者に交通事故と同等の恐怖を体験させることは難しいため，実験室で再現することは困難と考えられていた。そこでEagleman らの研究グループは，SCAD（Suspended Catch Air Device）とい

うアトラクションを用いて独創的な実験を行った（**図1.2**）。SCADとは，例えるなら紐なしバンジージャンプである。参加者は地上から46mの高さまでつり上げられ，そこからロープなどは一切付けない状態で垂直に落下し，ネットに着地する（図1.2（d））。当然であるが，SCADはバンジージャンプよりもスリルを味わえるアトラクションとして知られている。

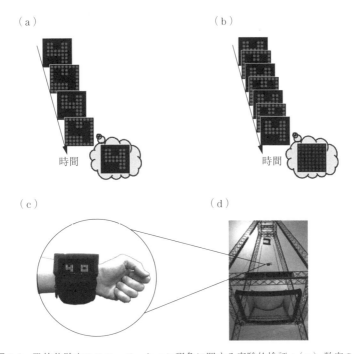

　（a）　　　　　　　　　　　　　　（b）

　時間　　　　　　　　　　　　　　　時間

　（c）　　　　　　　　　　　　　　（d）

図1.2　恐怖体験中のスローモーション現象に関する実験的検証：（a）数字の反転が遅いときは認識できる。（b）反転が速くなると数字が読み取れなくなる。（c）腕に知覚クロノメーターを装着した様子。（d）SCAD。（引用文献[1]を基に改変。©2007, Stetson et al. Published by Public Library of Science）

　実験では，参加者に知覚クロノメーター（perceptual chronometer）という腕時計型の装置を装着してもらった（図1.2（c））。知覚クロノメーターの画面には，数字が表示されるのだが，数字と背景の色が素早く反転すると，数字と背景が混ざり，読みづらくなる（図1.2（a）→（b））。実験前に，反転スピードを調節し，参加者がギリギリ読み取れるスピードを計測した。実験で

は，知覚クロノメーターの反転スピードを，参加者がギリギリ読み取れるスピードよりもほんの少し速く設定した。そのため，通常の状態では参加者は数字を読み取れないが，もしも SCAD の落下中に恐怖を感じ，スローモーションを体験するならば，数字は読み取れるはずであると Eagleman らは考えた。例えば，野球のバッティングのスローモーションムービーを見ると，それまで気がつかなかった選手の細かい動きが見えるのと同様に，恐怖体験の最中に，実際に脳内でスローモーションで再生されているならば，知覚クロノメーターの数字が読み取れるはずである。しかし，実験してみると，落下中の数字の正答率は，通常のとき（地面にいるとき）とほとんど違いがなかった。すなわち，参加者は SCAD の落下によって並外れた恐怖を感じたはずであるが，数字の反転スピードがゆっくりになることはなかった。

　ところが，Eagleman らが行ったもう一つの実験では SCAD 体験の影響が観測された。追加実験では，参加者に他人が SCAD で落下しているところを見てもらった後に，その落下時間を思い出してもらい，ストップウォッチで落下開始時間からネットに着地するまでの時間の間隔を再生してもらった（**時間再生課題**）。その後，同じ参加者に実際に SCAD を体験してもらった後に，自らの落下時間を思い出してもらい，ストップウォッチで落下開始時間からネットに着地するまでの時間の間隔を再生してもらった。その結果，自らの落下時間は，他人の落下時間よりも約 36％長かったのである。

1.2 恐怖体験による心理的時間の伸長現象は記憶で生じる

　Eagleman らの二つの実験結果をまとめると，参加者は SCAD の落下中にスローモーションを体験することはなかったが，落下後に時間を評価すると，落下時間を長く感じた。一見矛盾するこれらの実験結果を Eagleman らは "記憶密度の違い" で説明している。これまでの神経科学の研究により，恐怖体験中には，特定の脳内領域（**扁桃体**）の活動が高くなり，通常よりも内容の豊富な**記憶**が形成されることが知られている[2)~5)]。こうした記憶内容の豊富さは，心

理的時間を伸長させることが知られている。例えば，視覚刺激の提示時間を評価する際には，刺激の数が多いほど，感じる時間は長くなることが知られている（**図 1.3**）[6]。この原因は，多くの事象が生起するには，長い時間が必要であるという認識の**般化**が原因だと考えられている。すなわち，恐怖体験中は脳に入ってくる情報を事細かに記憶することにより，後になって時間を判断する際に，多くの事象が思い出されることになり，結果として時間を長く感じ，あたかもスローモーションのような体験をしたと考えられる。

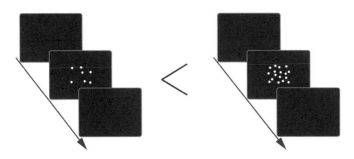

図 1.3　視覚刺激の心理的な提示時間：刺激の数が多いほうが長い時間に感じる。

1.3　記憶に与える心理的時間の影響

　ここまで紹介した研究例は，記憶が心理的時間に影響を与えることを示しているが，Jones らは反対に，心理的時間が記憶に影響を与える可能性を探った。すなわち，人間の心理的時間の進み方を速めることで，多くのことが記憶できるのか否かを調べた[7]。その際，心理的時間の進み方を操作するために，クリック音を反復提示した。これまでの研究で，クリック音を短い間隔で反復提示することによって，参加者の心理的時間の進みが速くなり，結果として時間が長く感じられることが示されている[8]。Jones らは，クリック音を 5 Hz で反復提示した直後に，12 文字のアルファベットを 300〜500 ミリ秒（ms）で瞬間提示した（**図 1.4**）。参加者の課題は，瞬間提示されたアルファベットをなるべく多く回答することであった。実験の結果，クリック音の提示後の成績は，クリック音がないときよりも，記憶の正答率が約 3〜5％向上していた。

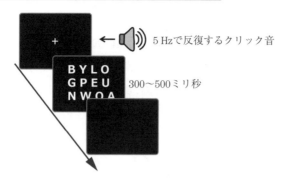

5 Hz で反復するクリック音

300〜500 ミリ秒

図 1.4 記憶に与える心理的時間の影響：短い時間間隔
で反復するクリック音の提示により，心理的時間の進
みが速くなり，より多くのことを記憶する。

この結果は，心理的時間のスピードが速くなっているとき，私たちは経過時間
を長く感じるだけでなく，情報の処理速度が速められることで，その間のこと
をより多く記憶できることを示している。

1.4 おわりに：私たちの日常における心理的時間の活用

自分が小学生だったころを思い出したとき，多くの経験が初めてであり，**感
情が大きく揺さぶられた**ことが多かったと思う。このトピックで紹介したよう
に，強い感情の喚起は，中身の濃い記憶として残り，記憶の密度を高めること
になる。その結果，小学生のころの１年間や１日は長く感じることになる。反
対に，大人になるとあらゆる経験が体験済みのこととなり，感情が揺さぶられ
ることも少なくなる。その結果，記憶の密度が低くなり，１年間や１日はあっ
という間に過ぎてしまうことになる。

人生の充実の度合いは心理的時間のみで語ることはできないが，いつの間に
か過ぎた１年間に充実感を覚える人は少ないだろう。もしも，記憶密度と主観
的時間の関係が比例しているのなら，人生の充実感を高めるヒントが見えてく
る。これまでにやったことのない，初めての経験にチャレンジし，感情が大き
く揺さぶられるとよい，ということになる。そうすれば，密度の高い記憶が蓄

積され，後から振り返ったときに，1年や1日を長く充実したものに感じるかもしれない。その際の注意点として，感情を揺さぶる体験として，本トピックでは恐怖体験を紹介したが，嬉しいポジティブな体験でも記憶密度は高められることが示されているので安心していただきたい[3]。

引 用 文 献

1) Stetson, C., Fiesta, M. P., & Eagleman, D. M. (2007). Does time really slow down during a frightening event? *PLoS ONE*, *2*, e1295.

2) Fanselow, M. S., & Gale, G. D. (2003). The amygdala, fear, and memory. *Annals of the New York Academy of Sciences*, *985*, 125–134.

3) Hamann, S. B., Ely, T. D., Grafton, S. T., & Kilts, C. D. (1999). Amygdala activity related to enhanced memory for pleasant and aversive stimuli. *Nature Neuroscience*, *2*, 289–293.

4) Cahill, L., Babinsky, R., Markowitsch, H. J., & McGaugh, J. L. (1995). The amygdala and emotional memory. *Nature*, *377*, 295–296.

5) Olsson, A., & Phelps, E. A. (2007). Social learning of fear. *Nature Neuroscience*, *10*, 1095–1102.

6) Rachlin, H. C. (1966). Scaling velocity, distance, and duration. *Perception & Psychophysics*, *1*, 11–82.

7) Jones, L. A., Allely, C. S., & Wearden, J. H. (2011). Click trains and the rate of information processing : Does speeding up subjective time make other psychological processes run faster? *Quarterly Journal of Experimental Psychology*, *64*, 363–380.

8) Treisman, M., Faulkner, A., Naish, P. L. N., & Brogan, D. (1990). The internal clock : Evidence for a temporaloscillator underlying time perception with some estimates of its characteristic frequency. *Perception*, *19*, 705–748.

天井のしみが人の顔に見える
― パレイドリア：脳の中で作られる顔 ―

（高橋 康介）

　青空に浮かぶ雲を眺めていると，雲が顔の形を作り，こちらに笑いかけているように見えることがある。物体や風景，意味のない模様などが，顔や人の形といったまったく別の意味あるものに見えるという経験は，珍しいことではない。このような現象は心理学の用語で**パレイドリア**と呼ばれる。

　パレイドリアで生じる誤認識は人物，顔，動物，図形，地図などさまざまであるが，心理学研究では無意味なノイズパターン（**図 2.1**）や物体が顔に見えるという顔パレイドリアが用いられることが多い。本トピックでは特に顔パレイドリアを中心に最近の研究成果を紹介し，パレイドリアからわかる知覚や認識の不思議について考えてみたい。

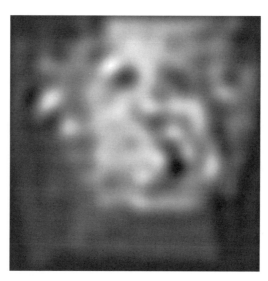

図 2.1　ノイズパターンの中に，よく見ると顔のようなものがあることがわかる。一度顔に見えてしまうと，意図的に顔を認識しないことは困難である。

2.1　パレイドリアの一体なにが面白いのか？

　パレイドリアが生じる刺激を見せると「似てるから見間違えるだけなんちゃう？」で話が終わり，それ以上の興味を示さない人もいる。確かに似ているものを見間違えることは不思議なことではない。例えば，箸だと思って手に持ってみたらペンだった，そんな経験もあるだろう。しかし，パレイドリアはただの見間違いなのだろうか。さまざまな視点からパレイドリアといわゆる普通の見間違いを比べてみると，パレイドリアの面白さがよくわかってくる。

　第一に，箸とペンのような見間違いの場合には，それがペンだとわかれば，もう箸に見えることはない。意図的に認識を改めることが容易である。一方，パレイドリアでは，一度見間違えてしまうと，それが本物ではないとわかっても誤認識を意図的に止めることは困難である。試しに図2.1をもう一度見てみよう。ただし，今度は意図的に顔を認識しないようにしてみてほしい。おそらくいくら頑張っても，あなたの頭の中から「顔」を追い払うことはできない。

　第二に，通常の見間違いの場合には，姿形全体がよく似ているものを見誤ることが多い。ところが**図 2.2** のような顔パレイドリア刺激の場合には，「目」に対応するパーツの存在だけで顔という誤認識が生じる[1]。冷静に考えれば，輪郭は四角く鼻や耳はない。本物の顔とは似ても似つかないものである。この

図 2.2　Takahashi ら[6]で使われた実験刺激の顔パレイドリア物体：
　　　　向かって左に視線が向いていることが容易に認識できる。

ように，パレイドリアは見間違いというよりも，ある重要なパーツ（ここでは目）がトリガーとなって，細部の違いが消失して，そのパーツを持つ物体（顔）の認識が頭に浮かぶ，と表現するほうが適切である。

　第三に，通常の見間違いでは箸をペンに見間違えることもあれば，ペンを箸に見間違えることもある。つまり対称性がある。しかし，コンセントが顔に見えることはあっても，顔をコンセントに見間違えてしまったという話は聞いたことがない。パレイドリアは非対称で一方向である。

　第四に，パレイドリアでは誤認識により「生きもの」が見えることが圧倒的に多い[2]。最後に，後述のように，誤認識の結果として「見える」だけではなく**認知**や行動にまで自動的，不随意的に影響する。このように，パレイドリアについて詳細に分析すると，単なる見間違いでは片付けられない興味深い性質が数多くあることがわかる。しかしながら，パレイドリアの面白い性質についての科学的検証はまだまだ不十分であり，メカニズムや神経相関に関して不明な点が多く残されている。

2.2　顔パレイドリア刺激が引き起こす脳活動

　私たちの脳は顔に対して特殊な処理を行っている。顔刺激を見たときの**脳波**（EEG）や**脳磁図**（MEG）を測定すると，刺激呈示後130〜200ミリ秒後にN170やM170という顔処理に関わるとされる特殊な波形が現れる。顔認知を行う際に**fMRI**により脳活動を測定すると**紡錘状回顔領域**（FFA）が強く活動する。

　最近の研究から，顔パレイドリア刺激もこれらの顔特有の脳活動を引き起こすことがわかってきている。例えば，顔パレイドリア刺激の呈示後，150〜200ミリ秒という短い潜時で実際の顔を見たときと類似の脳活動（N170/M170）が観察される[3],[4]。このようにパレイドリアは「考えたうえで顔という認識にたどりつく」という類のものではなく，素早く自動的に起こるものである。

　また，Liuら[5]は図2.1に類似したノイズパターンを呈示してfMRI計測を行い，ノイズが顔に見えるときとそうでないときの脳活動を比較した。すると，

ノイズが顔に見えているときにはそうでないときに比べて右 FFA がより強く活動した。顔認識に関わるとされる FFA に対して，顔刺激の入力を処理するボトムアップな視覚処理だけではなく，パレイドリアにより生じる顔という解釈のトップダウンの影響，その両者が顔の脳情報処理に影響することを示す結果である。

2.3　パレイドリアによる認知と行動の変化

　パレイドリアによって物体が顔に見えていたとしても，それが本当は顔ではないということは明らかである。では，顔に特有のさまざまな認知処理はパレイドリアによっても生じるのだろうか。

　Takahashi ら[6]は他者の視線方向に注意が移動するという**視線手がかり効果**が顔パレイドリア刺激によっても生じることを明らかにしている。実験では，図 2.2 のように，コンセントやタンスの「目」に当たる部分が左右いずれかを向いて見える刺激を用いた。そして，これらの顔パレイドリア刺激を課題に無関係な先行手がかり刺激として呈示し，その直後に左右いずれかに呈示される標的を検出する課題を行った。すると，コンセントやタンスの視線により注意が自動的に移動して，視線の先に標的がある場合に素早く検出できた。

　さらに注目すべきことに，まったく同じ顔パレイドリア刺激であっても，それを顔として認識していない場合には視線手がかり効果は起きないこと，また一度顔として認識されてしまうと，意図的に視線を無視することができないことも明らかになっている。

　また別の実験[7]では，標的刺激の有無を判断する視覚検出課題によって，「∵」という標的刺激を顔として認識したときには，同じ刺激を逆三角形として認識したときよりも検出が容易になった。これらのことから，顔パレイドリアが本物の顔刺激と同じように認知や行動に影響を与えることは明らかである。ただし，刺激が顔らしいことそれ自体ではなく，顔であるという主観的な認識が生じていることが必要条件である。

2.4　パレイドリアと発達

　パレイドリアは発達過程のいつごろから生じるのだろうか。乳幼児がなにを
よく見るのか調べる**選好注視法**を用いた研究から，生後２〜３日の新生児が，
本物の顔だけでなく顔のようなパターンも好んで見ることがわかっている[8]。
ただし，ここでの「顔らしい」とは，top–heavy と呼ばれる下側に比べて上側
に密に要素が集まった図形のことである（例えば，∵やVのようなパターン。
実験では顔のパーツの向きをばらばらにして上に集めたものが使われた）。
top–heavy パターンを主観的に「顔」と認識しているか定かではないが，top–
heavy パターンを特殊なものと認識する先天的な傾向があるといえるだろう。
このことと顔パレイドリアがどのように関連するのか，今後の発達研究が待た
れる。

　一方，複雑で意味のある幻視を見やすいことが特徴である**レビー小体型認知
症**（DLB）と呼ばれる認知症患者は，健常者や**アルツハイマー病**の患者に比
べてパレイドリアが極端に生じやすい。この過剰なパレイドリア傾向は脳内伝
達物質である**アセチルコリン**（ACh）を増加させるコリンエステラーゼ阻害
薬の投与により減少する[9]。DLB に現れるパレイドリアと健常者のパレイドリ
アが質的に同じかどうかは議論の余地があるが，DLB 患者で脳内伝達物質の
関与によりパレイドリアの頻度が左右されるという事実は，パレイドリアを引
き起こす神経機構を明らかにするうえで参考になるだろう。

2.5　おわりに：パレイドリア研究のこれから

　「幽霊の正体見たり枯れ尾花」ということわざがある。幽霊だと恐れていた
が，よく見たら枯れたススキだったので怖くなくなったということに由来する
ことわざである。しかし，その幽霊がパレイドリアにより見えたものなら，そ
の後でそれをススキだと思い直しても，恐怖心を消すことはできないのかもし
れない。パレイドリア研究の歴史はまだまだ浅い。パレイドリアと幻視の関
係，パレイドリアが**感情**や存在感といった高次認知に与える影響，乳幼児のパ
レイドリアなど，今後のさらなる研究が期待される。

引 用 文 献

1 ）Ichikawa, H., Kanazawa, S., & Yamaguchi, M. K.（2011）. Finding a face in a face–like object. *Perception, 40*, 500–502.

2 ）Uchiyama, M., Nishio, Y., Yokoi, K., Hirayama, K., Imamura, T., Shimomura, T., & Mori, E.（2012）. Pareidolias：Complex visual illusions in dementia with Lewy bodies. *Brain, 135*, 2458–2469.

3 ）Churches, O., Baron–Cohen, S., & Ring, H.（2009）. Seeing face–like objects：An event–related potential study. *Neuroreport, 20*, 1290–1294.

4 ）Hadjikhani, N., Kveraga, K., Naik, P., & Ahlfors, S. P.（2009）. Early（M170）activation of face–specific cortex by face–like objects. *Neuroreport, 20*, 403–407.

5 ）Liu, J., Li, J., Feng, L., Li, L., Tian, J., & Lee, K.（2014）. Seeing Jesus in toast：Neural and behavioral correlates of face pareidolia. *Cortex, 53*, 60–77.

6 ）Takahashi, K., & Watanabe, K.（2013）. Gaze cueing by pareidolia faces. *i–Perception, 4*, 490–492.

7 ）Takahashi, K., & Watanabe, K.（2015）. Seeing objects as faces enhances object detection. *i–Perception, 6*, 1–14.

8 ）Cassia, V. M., Turati, C., & Simion, F.（2004）. Can a nonspecific bias toward top–heavy patterns explain newborns' face preference? *Psychological Science, 15*, 379–383.

9 ）Yokoi, K., Nishio, Y., Uchiyama, M., Shimomura, T., Iizuka, O., & Mori, E.（2014）. Hallucinators find meaning in noises：Pareidolic illusions in dementia with Lewy bodies. *Neuropsychologia, 56*, 245–254.

音や数に色が見える
― 共感覚：五感どうしの複雑な関係 ―

（高橋 康介）

　目に入った光は視覚的な，耳に入った音は聴覚的な知覚経験（**クオリア**）をもたらす。このような入力**モダリティ**と知覚モダリティの対応やモダリティどうしの独立性は当たり前のように思える。しかし，**共感覚**と呼ばれる（特殊な）感覚を持つ人々にとっては，モダリティの境界はそれほど堅固なものではない。共感覚とは，入力とは別のモダリティの知覚経験が生じる現象である。例えば，数に色がついて見える共感覚者は，黒字で書かれた「1」を認識すると「赤」を知覚し，「2」を認識すると「青」を知覚するといった具合である。

3.1 　共感覚研究の歴史と現在

　共感覚は古くから知られている現象であり，ランボーの「ソネット」など著名な芸術家や科学者がその著作や言説の中で「共感覚的表現」を残している事例は多い。しかし，非共感覚者でも知覚経験を伴わない共感覚的な比喩表現（「甘いマスク」など）を用いること，共感覚による知覚経験を他者が観察できないこと，共感覚経験が人によってばらばらであることなどから，長い間，共感覚は連想や想像の延長とみなされてきた。

　共感覚が科学研究の対象となった 1990 年代以降，研究手法の発展により共感覚の頑健性や神経相関が明らかになりつつある。また，大規模でバイアスのない調査を通して，共感覚者が以前考えられていたよりも高い割合（1〜5%）で存在すること，男女の割合がほぼ同じであることなども明らかとなっている[1]。現在では共感覚は知覚経験を伴う現象であるという考えが広く認められるようになり，心理学，神経科学，遺伝学などの科学的手法による研究が進められている。

3.2　共感覚の行動学的な特徴

　共感覚は自動的，不随意的な知覚経験を伴うという点で，「甘いマスク」といった連想や想像とは明確に区別される。例えば，数字に色がついて見える色字共感覚者であれば，自らの意志とは無関係に，黒色で書かれた「1」を認識した瞬間に自動的に色を知覚し，これを意図的に制止することはできない。ただし，実際の数字の色は黒いということは自覚している。

　共感覚が自動的で不随意的であることは，共感覚者による言語報告だけでなく，実験的にも検証されている。Dixon ら[2]は数字に色が見える共感覚者に対してストループ干渉課題を行い，共感覚により数字が引き起こす色が実際の色と一致しないときに反応時間が遅くなることを示した。

　しかし，共感覚にはそれを引き起こす刺激に対する**意識**的な認識が必要である。「れ」に色が見える共感覚者がいたとする。この共感覚者が**図 3.1**（a）を見た際に，もし「れ」に対する意識的な認識より前段階（**前注意過程**）で色知覚が生じるのであれば，共感覚者の知覚経験としては図 3.1（b）のようにハートが浮かび上がって（**ポップアウト**して）見えるはずである。しかし，Edquist ら[3]が色字共感覚者の**視覚探索**効率を調べた結果，図 3.1（b）に示すようなポップアウトは起こらなかった。

（a）　　　　　　　　　　　　　　　　（b）

図 3.1　図（a）は視覚探索刺激の例。前注意過程で共感覚が生じてポップアウトするなら，図（b）のように見えてハートの形が浮かび上がるはずだが，実際はそうはならない。

　また，共感覚は刺激の物理的状態そのものではなく，刺激の解釈に依存する。**図3.2** の THE CAT の中の H と A は，形状はまったく同じだが文脈の効果で異なる文字として解釈される。共感覚者は解釈に応じて H と A に対してそれぞれ異なる色を知覚する[4]。さらには，曜日，人格などの概念，「1 + 2 =」の計算結果である「3」[2]なども共感覚を引き起こすことから，物理的に存在する刺激そのものというよりも，あるモダリティの入力をきっかけとする主観的な認識が別のモダリティでの知覚経験を生み出す要因であるといえるだろう。

図3.2　H と A は形状としてはまったく同じである。しかし，共感覚者は文脈に応じて両者にそれぞれ異なる色を知覚する。

　共感覚の特徴として，不随意性に加え，ある共感覚者に対して時間を空けて繰り返し検査をしても報告される共感覚体験が変化しないという一貫性が挙げられる。共感覚者に対して３か月の間隔を空けて文字にどのような色が見えるか検査したところ，１回目と２回目の検査の間で87％と高く一致していたのに対し，非共感覚者に対して１か月の間隔で文字から連想される色を検査したところ一致率は23％にとどまった[1]。このような一貫性は共感覚が本物であると客観的に判断するための基準とされている。

3.3　共感覚の多彩さ

　共感覚は少なくとも三重の意味で多彩な現象である。第一に，共感覚を引き起こすモダリティと知覚経験が生じるモダリティにはさまざまな組合せがある。音→色（色聴），時間→色，光景→触感，匂い→音，珍しいものでは人格→匂い，温度→音，など例を挙げればきりがない。ただし，組合せの頻度には大きな偏りがあり，色の知覚が生じる共感覚が圧倒的に多く，中でも曜日の認識により色を知覚する組合せが最も多いとされる[1]。

　第二に，同じモダリティの組合せでも，どの刺激がどの知覚を引き起こすのかは共感覚者により異なる。Ａという文字に赤が見える共感覚者もいれば，青が見える共感覚者もいる。ただし，この対応にもある程度の偏りがあり，Ａ→赤，Ｂ→青，Ｃ→黄色という組合せが最も顕著であるとされる。これには幼少期の経験が影響していると考えられている。

　第三に，共感覚による知覚経験の質が人によって異なる。文字を見ると外の世界（その文字の付近）に色が見えるタイプ（投影型，プロジェクタ，ローカライザ）と，頭の中に色が浮かぶタイプ（連想型，アソシエータ，ノンローカライザ）とに大別できる[5]。なお，連想型共感覚者の共感覚は想像や連想の延長であると誤解されがちだが，投影型共感覚者と同様に知覚経験を持つと考えられている。

3.4　共感覚の神経機構

　2000 年代以降，おもに **MRI** を用いて共感覚者の脳活動や脳の構造の研究が進められている。通常，脳は分業制（モジュール化［→**脳の機能局在**］）を基本としており，音が聞こえれば聴覚情報を処理する領域（モジュール）が強く活動し，文字を見れば字を認識する領域が強く活動する。ところが共感覚者の脳では様相が異なる。

　色字共感覚者の脳構造が**拡散テンソル画像法**の**トラクトグラフィー解析**を用いて調べられた[6]。その結果，**左頭頂葉**，**右側頭葉**などで神経結合が強かった（**白質**の異方性が小さかった）。さらに投影型共感覚者は非投影型に比べて**下側頭皮質**という脳部位での神経結合が強く，これは下側頭皮質にある形状処理モジュールと色処理モジュールの構造的結合が強いためであると解釈されている。また単語を聞くと色が見える共感覚者の脳活動を **fMRI** によって調べたところ，単語の聴覚提示により色の知覚が生じている際には色の認識に関与する **V4** 領域が活動していた[7]。このように共感覚者の脳ではモジュール間の相互作用が強い。

3.5　非共感覚者と共感覚者の連続性

非共感覚者でも異種感覚間の相互作用は広く見られる。例えば，光が１回フ

ラッシュする間に音が２度鳴ると，光が２度フラッシュしたように知覚してしまう[8]。また「ブーバキキ効果」（**図3.3**）のように音と形が自然に連想される現象は年代や**文化**を問わず共通して見られる。

図3.3　ブーバキキ効果：どちらが「ブーバ」でどちらが「キキ」だと感じるだろうか？共感覚の有無にかかわらず95％の人が左がキキで右がブーバであると答える。

　このような背景から，近年では共感覚は「有か無か」ではなく，非共感覚者と共感覚者の違いはモダリティ境界を超える連合の程度の問題であり，両者は連続的（スペクトラム）であるという考え方が広まりつつある。実際，非共感覚者と共感覚者に対して，音に対してどのような色が連想，知覚されるかをテストしたところ，高い音が明るい色，低い音が暗い色というように，音と色の対応に似通ったパターンが見られた[9]。このような対応は生後１か月の乳児でも同様であり，乳児期は誰もが共感覚を持っていて，発達に応じてモダリティが分化してモジュール化していくという説も提唱されている。

3.6　おわりに：共感覚のさらなる理解へ向けて

　共感覚の科学的研究は始まったばかりであり，本トピックで紹介しきれなかった共感覚と創造性の関係，生育環境が共感覚に与える影響，そして遺伝と共感覚など，解決すべき問題は山積みである。非共感覚者にとって共感覚者が経験する世界を想像することは簡単ではないが，参考文献の中で共感覚者のイメージや語りが多く紹介されているので参考にしてほしい。

引 用 文 献

1) Simner, J., Mulvenna, C., Sagiv, N., Tsakanikos, E., Witherby, S. A., Fraser, C., ... Ward, J. (2006). Synaesthesia：The prevalence of atypical cross–modal experiences. *Perception, 35*, 1024–1033.

2) Dixon, M. J., Smilek, D., Cudahy, C., & Merikle, P. M. (2000). Five plus two equals yellow. *Nature, 406*, 365.

3) Edquist, J., Rich, A. N., Brinkman, C., & Mattingley, J. B. (2006). Do synaesthetic colours act as unique features in visual search? *Cortex, 42*, 222–231.

4) Myles, K. M., Dixon, M. J., Smilek, D., & Merikle, P. M. (2003). Seeing double：The role of meaning in alphanumeric–colour synaesthesia. *Brain and Cognition, 53*, 342–345.

5) Dixon, M. J., Smilek, D., & Merikle, P. M. (2004). Not all synaesthetes are created equal：Projector versus associator synaesthetes. *Cognitive, Affective & Behavioral Neuroscience, 4*, 335–343.

6) Rouw, R., & Scholte, H. S. (2007). Increased structural connectivity in grapheme–color synesthesia. *Nature Neuroscience, 10*, 792–797.

7) Nunn, J. A., Gregory, L. J., Brammer, M., Williams, S. C. R., Parslow, D. M., Morgan, M. J., ... Gray, J.A. (2002). Functional magnetic resonance imaging of synesthesia：Activation of V4/V8 by spoken words. *Nature Neuroscience, 5*, 371–375.

8) Shams, L., Kamitani, Y., & Shimojo, S. (2000). Illusions. What you see is what you hear. *Nature, 408*, 788.

9) Ward, J., Huckstep, B., & Tsakanikos, E. (2006). Sound–colour synaesthesia：To what extent does it use cross–modal mechanisms common to us all? *Cortex, 42*, 264–280.

参 考 文 献

1. Cytowic, R. E. (2003). The man who tasted shapes. Cambridge, MA：The MIT Press.（シトーウィック, R. E. 山下 篤子 (訳)(2002). 共感覚者の驚くべき日常―形を味わう人, 色を聴く人　草思社）

2. Cytowic, R. E., & Eagleman, D. M. (2009). Wednesday is indigo blue: Discovering the brain of synesthesia. Cambridge, MA：The MIT Press.（シトーウィック, R. E. イーグルマン, D. M. 山下 篤子 (訳)(2010). 脳のなかの万華鏡―「共感覚」のめくるめく世界　河出書房新社）

3. 北村 紗衣 (編)(2016). 共感覚から見えるもの―アートと科学を彩る五感の世界　勉誠出版

皮膚の上を跳びはねていく小さなウサギ
― 逆行する脳の中の時間 ―

（宮崎　真）

　私たちが日常を過ごす実世界では，時間は一方向に流れる。すなわち，とある出来事が原因となって生じた結果は，その原因となった出来事よりも必ず後の時点に生じる。しかし，私たちの脳の作り出す主観的世界の中では，その因果律に逆らうかのような現象が生じる。とある時点の出来事があたかも時間をさかのぼって，それよりも過去の出来事の知覚に影響を与えるかのような作用が報告されており，神経科学者，心理学者のみならず，哲学者の関心をも惹きつけてきた[1]。そのような知覚における時間逆行作用の存在を明らかにした代表的な現象の一つが，**皮膚ウサギ錯覚**[2),3)]である。

4.1　皮膚ウサギ錯覚

1972 年 7 月 27 日，Geldard と Sherrick は，「皮膚ウサギ（cutaneous rabbit）」という奇妙な名前の触錯覚を Science 誌に発表した[2]。

　図 4.1（ a ）が，その実験の参加者に呈示された触覚刺激の一例である。参加者の前腕皮膚上の 3 か所（L1，L2，L3；各刺激間距離 10 cm）に短時（2 ミリ秒）の触覚刺激が 5 回ずつ L1 → L2 → L3 の順で与えられた。刺激間の時間間隔は 50 ミリ秒で，L1 から L2，および L2 から L3 へと刺激が移る時間間隔も 50 ミリ秒として，3 か所で計 15 回の刺激が一定のリズムで呈示された。なお，触覚刺激は機械的振動によるものでも電気によるものでもよい。

　すると，図 4.1（ b ）のように，実際には触覚刺激が与えられていない L1，L2，L3 の間の皮膚位置にも触感が生じ，L1 から L3 へと向かって触感覚が等間隔を刻みながら進行していくように感じられた。それが，あたかも，小さなウサギが前腕の皮膚上を跳びはねていくように感じられたことから「皮膚ウサギ」と名付けられた。

　なお，3 か所を刺激する必要はなく，例えば L1 と L2 の 2 か所への刺激だけ

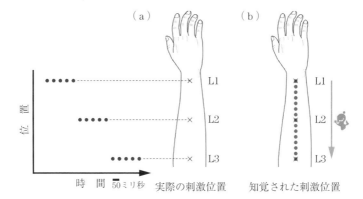

図 4.1　皮膚ウサギ錯覚[2]：（ａ）実際に呈示した触覚刺激位置。
（ｂ）参加者によって知覚された触覚刺激位置。

でも，L1 から L2 へと向かって皮膚ウサギ錯覚は生じる。

　この皮膚ウサギ錯覚は，触覚刺激の時間間隔が 40〜60 ミリ秒のときに，
もっともはっきり感じられた。40 ミリ秒より短い時間間隔でも，触覚刺激の
数が実際よりも少なく感じられたが，皮膚ウサギ錯覚は安定して生じた。一
方，刺激の時間間隔を延長し 200 ミリ秒以上とすると皮膚ウサギ錯覚は生じな
くなった。

4.2　逆行する脳の中の時間

　皮膚ウサギ錯覚の不思議さは，そのネーミングにも表れている奇妙な感触だ
けに留まらない。"時間"という観点からみてみると，物理的常識ではありえ
ないことが起きている。それは，皮膚ウサギ錯覚の短縮版[3]をみるとよりわか
りやすい（**図 4.2**）。

　図 4.2（ａ）が，その短縮版を観測するための刺激の一例である。触覚刺激
は，前腕皮膚上の２か所に与えられた（L1, L2：刺激間距離 10 cm）。刺激回
数は３回で，刺激❶と刺激❷は L1 に，刺激❸は L2 に呈示された。刺激❶と
刺激❷の時間間隔は 800 ミリ秒，一方，刺激❷と刺激❸の時間間隔は 60 ミリ
秒のように短く設定された。

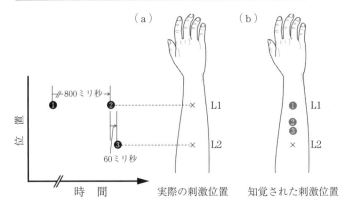

図 4.2 皮膚ウサギ錯覚（短縮版）[3]：（ａ）実際に呈示した触覚刺激の位置。
（ｂ）参加者によって知覚された触覚刺激の位置。

　すると，参加者には，刺激❶は実際に刺激されたとおりの L1 に感じられた
が，刺激❷と刺激❸は相互に引き寄せられた位置で感じられた（図4.2（ｂ））。
　この知覚位置の引き寄せ効果は，刺激❷と刺激❸の時間間隔を長くしていく
と減少し，時間間隔を 300 ミリ秒まで引き延ばすとすべての参加者で生じなく
なった。つまり，この短縮版の皮膚ウサギ錯覚は，刺激❷の後に刺激❸を短い
時間間隔で呈示することにより生じているわけだが，ここで重要なポイント
は，数十〜百ミリ秒の短い時間とはいえ，物理的には後に呈示された刺激❸
が，それよりも過去の出来事である刺激❷の知覚に影響していたことである。

4.3　ポストディクション

　このような知覚における時間逆行作用を表す用語として，現在，**ポストディ
クション**（postdiction，事後測）[4]が心理学や神経科学で広く用いられるように
なっている[5]。これは，prediction（**予測**）をもじった造語である。予測とは，
「将来のことを事前に推し測ること」である。したがって，"postdiction" は，
「過去のことを事後に推し測ること」を意味する。感覚受容器による情報収集
能力も，神経系の情報処理能力も有限であり，私たちの脳が一度に取り扱える
情報量は限られている。脳は，**意識**にのぼる知覚内容を瞬時に決定してしまう

ことはせず，一定の時間幅をもって，得られた感覚信号の前後関係を考慮した推測や補償を加えて，その精度向上を図っているものと考えられている。

　ポストディクションは，日常生活の中ではうまく機能しているため，私たちがその存在に気づくことはない。しかし，この皮膚ウサギ錯覚の例では，0.1秒以下という時間間隔で 10 cm の距離をまたぐといった日常ではおおよそ経験することのない触刺激であったため，その存在が**錯覚**現象として顕わになったのだ。

4.4　おわりに：非日常の中で見つかるこころと脳の仕組み　━━

　Geldard と Sherrick は，皮膚ウサギ錯覚を最初に報告した論文の冒頭で，なんら学術的な根拠も背景も述べずに，「前腕の皮膚知覚を調べるための実験をデザインしているうちに発見した」と記していた[2]。つまり，この皮膚ウサギ錯覚は，日々の実験の試行錯誤の中でたまたま見つかった現象だったのだ。

　こころと脳の科学は，日常の経験や行動が大きなヒントとなる。その一方で，日常生活の中では正常に機能しているがために，私たち自身ではむしろ気づくことができないこころや脳の仕組みも存在する。実験室という非日常下で，日常経験という常識に囚われずにさまざまな実験を試みることもまた心理学や神経科学のための有効な研究スタイルの一つといえる。

■■■■■■■■■■■■■　引　用　文　献　■■■■■■■■■■■■■

1) Dennett, D. C.（1991）. *Consciousness explained*. Boston：Little, Brown & Company.
2) Geldard, F. A., & Sherrick, C. E.（1972）. The cutaneous "rabbit"：A perceptual illusion. *Science, 178*, 178–179.
3) Geldard, F. A.（1982）. Saltation in somesthesis. *Psychological Bulletin, 92*, 136–175.
4) Eagleman, D. M., & Sejnowski, T. J.（2000）. Motion integration and postdiction in visual awareness. *Science, 287*, 2036–2038.
5) Yamada, Y., Kawabe, T., & Miyazaki, M.（Eds.）.（2015）. *Awareness shaping or shaped by prediction and postdiction*. Lausanne：Frontiers Media SA.

あなたも体験できる体外離脱
— 体外離脱体験を利用して探る自己身体の認識を形成する脳の仕組み —

（黒田 剛士）

　　自分の**意識**が自分の身体から離れ，自分の身体を他人のように見ている。このような話を幽体離脱という言葉で聞いたことのある人は多いと思う。脳科学では，この現象を**体外離脱体験**と呼んでいる。これは健常者においては金縛りのような状況で生じるが，脳の特定の部位が損傷することが原因で生じることも知られている。この脳損傷事例を出発点にして，体外離脱体験を引き起こす脳内メカニズムの解明が進んでいる。さらには，ヘッドマウントディスプレイなどの装置があれば，体外離脱を**錯覚**として誰にでも体験可能であることが明らかにされている。本トピックでは，体外離脱体験に関連する一連の研究を紹介し，自己身体の認識を形成する脳の仕組みについて考える。

5.1 体 外 離 脱 体 験

　Blanke と Mohr[1] によれば，体外離脱体験は，（1）自分の身体の外に自分がいるという感覚が生じ，（2）視点が自分の身体から離れた空間位置に形成され，（3）その視点から自分の身体を眺めている感覚が得られる現象として定義される。先に述べたように，この現象は一部の脳損傷患者において生じることが知られており，Blanke と Mohr は過去の脳損傷事例を整理して，体外離脱体験には右半球の**側頭頭頂接合部**が関与している可能性を指摘した。この**側頭葉**と**頭頂葉**を接合する部位は，身体のバランスを伝える前庭系の入力を処理し，さらには，自己を中心に据えた視点の形成，自己と他者の分離，自分の行動や**思考**が自分のものであるという所有感の形成といった自己に関する処理を行っている。実際に，Blanke と Mohr が分析対象とした体外離脱体験の報告事例の内訳を見ると，右半球（7/9 件）のほうが左半球（2/9 件）よりも損傷している事例のほうが多く，加えて，側頭部（9/11 件），頭頂部（5/11 件），後頭部（2/11 件）の順で損傷している事例が多かった。

　さらに，右半球の**角回**という部位に対して電気刺激を行うと，体外離脱と同様の現象を引き起こせることが，Blanke ら[2]によって示されている。この研究で対象となったてんかん手術中の患者は，同部位を刺激した際に，ベッドに寝ている自分の身体の一部を上から眺めている感覚になったと報告した。角回は，上述した側頭頭頂接合部を構成する部位の一つである。

5.2　体外離脱の錯覚

　その後，体外離脱は脳を直接に刺激せずとも錯覚として引き起こせることが，二つの別々の研究グループによって報告された[3),4)]。どちらも類似した方法を用いており，ここでは，そのうちの Ehrsson による研究[3)]について紹介する。その実験の様子を表したのが**図 5.1**（ａ）である。**体外離脱の錯覚**を引き起こすためには，ビデオカメラとそれを映すヘッドマウントディプレイが必要

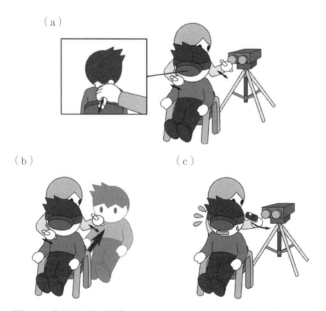

　図 5.1　体外離脱の錯覚の実験：（ａ）刺激の状況。（ｂ）錯覚が生じると，自分の意識が自分の身体から後方に離れ，自分の背中を眺めているかのような感覚に陥る。（ｃ）錯覚が生じている際に金槌をカメラ付近で振ると，自分が本当に殴られてしまうかのような感覚に陥る。

である。カメラは実験の参加者の後方に，その背中を撮るようにして置く。刺激を行う実験者は，片方の手で，参加者の胸を棒で繰り返しつつく。さらに，これと同じタイミングで，もう片方の手でつつく動作を，カメラ下部に映るようにして行う。参加者には，ディスプレイ越しに自分の背中が見え，かつ，その視野の下側でつつく動作が行われているのが見える（図5.1（a），左の吹き出しパネル）。ただし，自分の胸がつつかれているのは自身の背中に遮られて見ることができない。両方のつつく動作を繰り返すと，参加者は自分の意識が身体から離れて自分の背中を見ているかのような感覚に陥る。つまり，体外離脱の錯覚が生じる（図5.1（b））。両手の動くタイミングが一致していることが重要である。一致していないと錯覚は生じにくくなる。

　Ehrsson は，錯覚が生じたことを質問紙で確認するのに加え，図5.1（c）のように，刺激後にカメラ付近を金槌で叩く動作を行い，その際の参加者の**皮膚コンダクタンス反応**を記録した。錯覚が生じているのであれば，参加者は金槌で殴られてしまうかのような感覚に陥り，発汗が生じて皮膚の電気抵抗が下がる（コンダクタンス値が上がる）はずである。実際に，両手のつつく動作が同期していないときに比べ，同期しているときには，皮膚の電気抵抗がより低くなった。

　この錯覚からわかるように，「自分は“ここ”にいる」という認識には，触覚だけではなく視覚も寄与している。それゆえに，ディスプレイに映されている視覚情報が，自分のいる場所を判断するための手がかりになった。さらに，その判断の決め手になったのが，視覚と触覚との情報統合である。棒が皮膚に触れるタイミングと一致して，棒でつつかれているという情報が視覚から得られているため，棒でつつかれているという触覚情報が得られるのは，それとつじつまの合う視覚情報が得られている“ここ（自身の身体の後方）”であると脳が錯覚したのである。

5.3　おわりに：自己の身体を認識する脳の仕組みの順応性

　体外離脱の錯覚は，自己身体の認識に関わる脳の仕組みが優れた柔軟性をも

つことを表している。このような特性は，日常の場面にも応用できると考えられる。近年，遠隔医療技術の発展が目覚ましい。これはロボットを操作することで医師が現場から離れた場所にいても手術を可能にする技術である。昨今の技術は，ロボットを操作している医師があたかも現場にいるような感覚を得られる水準にまで達している[5]。このような感覚に浸れるのは優れた工学技術による部分が大きいが，もし脳の働きが柔軟性に欠け，自己を固有の身体から引き離すことができないものであったら，「現場にいるような感覚」はどのような技術でも成し得なかったであろう。そう考えれば，自己の居場所を身体の外に飛ばすことができるのは，脳の柔軟な，適応性の高い働きであるといえる。実際に，体外離脱の錯覚を報告した研究グループは，この脳の適応性を利用した義手の開発に挑戦している[6]。

引　用　文　献

1) Blanke, O., & Mohr, C. (2005). Out-of-body experience, heautoscopy, and autoscopic hallucination of neurological origin : Implications for neurocognitive mechanisms of corporeal awareness and self consciousness. *Brain Research Reviews, 50,* 184–199.

2) Blanke, O., Ortigue, S., Landis, T., & Seeck, M. (2002). Stimulating illusory own-body perceptions. *Nature, 419,* 269–270.

3) Ehrsson, H. H. (2007). The experimental induction of out-of-body experiences. *Science, 317,* 1048.

4) Lenggenhager, B., Tadi, T., Metzinger, T., & Blanke, O. (2007). Video ergo sum : Manipulating bodily self-consciousness. *Science, 317,* 1096–1099.

5) Eveleth, R. (2014). The surgeon who operates from 400 km away. BBC. Retrieved from http://www.bbc.com/future/story/20140516-i-operate-on-people-400 km-away (September 27, 2016)

6) Yong, E. (2011). Master of illusion. *Nature, 480,* 168–170.

コーヒーブレーク：日常にあるもので体験する触錯覚

　本書で紹介した体外離脱の錯覚（トピック5）や**皮膚ウサギ錯覚**（トピック4）は，体験するのに専用の機器を必要とするため，気軽に試すのが難しいかもしれない。本コラムでは，日常の身の回りにあるもの，雑貨屋に行けば手に入るもので体験可能な触錯覚を紹介する。ここに紹介する以外にも，少し工夫すれば体験可能な触錯覚は Hayward によって解説されている[1]。

　ラバーハンド錯覚は，ゴム製のような模型の手が自分の手であるかのように錯覚してしまう現象である。**図CB.1**（a）のように，ついたてを使い，右手を自分には見えない位置に隠す。自分の前には手の模型を置き，これを観察する。友人に手伝ってもらい，片方の手で自分の右手を，もう片方の手で模型の手をトントン…と同じタイミングで繰り返し触れてもらう（実際の実験では筆の毛先でなでている[2]）。すると，触られている感覚が模型の手から得られているように感じ，模型の手があたかも自分の右手であるという感覚に陥る。この錯覚を起こすには，自分の右手と模型の手に刺激が与えられるタイミングが一致している必要がある[2]。ついたてがなかったら自分の右手を机の下に隠すのでもよい。ただし，

（a）　　　　　　　　　　　　　　　（b）

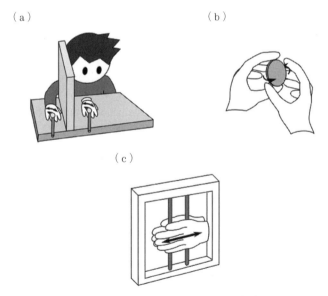

（c）

　図CB.1　触錯覚の例：（a）ラバーハンド錯覚。（b）回転硬貨の
　　　　　　伸長錯覚。（c）ベルベットハンド錯覚。

自分の右手が触られている現場が見えてしまうと錯覚が生じなくなってしまうので，しっかりと隠す必要がある。模型の手を入手するのが難しかったら，模型の代わりに机の上を叩いてもらう方法もある。これにより，触られている感覚が机から得られているように錯覚してしまう現象さえ報告されている[3]。本書のトピック５で紹介した体外離脱の錯覚を引き起こす方法は，このラバーハンド錯覚の方法を応用したものである。

「回転硬貨の伸長錯覚」は，円形であるはずの硬貨が楕円形に知覚される現象である[4]。これは目を閉じた状態で行う。図CB.1（ｂ）のように片方の手の親指と人差し指で硬貨を支え，もう片方の親指と人差し指で硬貨を回転させる。１〜２秒に１回転のペースで，これを続けると，硬貨の形が回転させている指のほうに伸びた楕円形に感じられてくる。硬貨が大きいほど錯覚量が大きく[4]，国内硬貨では500円が一番錯覚が生じやすいだろう。

「ベルベットハンド錯覚」は，目の粗い金網を両手で挟み，それをさするように両手を同じ方向に動かすと，両手の間にベルベットのようなやわらかいものが感じられる現象である。これは網目状のものだけではなく，図CB.1（ｃ）に示したように２本の針金をピンと張ったものでも生じる[5]。線の細いものであれば，駐車場や学校にある柵でも，錯覚を得ることができるだろう。

■ 引 用 文 献 ■

１） Hayward, V. (2008). A brief taxonomy of tactile illusions and demonstrations that can be done in a hardware store. *Brain Research Bulletin, 75*, 742–752.

２） Botvinick, M., & Cohen, J. (1998). Rubber hands 'feel' touch that eyes see. *Science, 391*, 756.

３） Armel, K. C., & Ramachandran, V. S. (2003). Projecting sensations to external objects：Evidence from skin conductance response. *Proceedings of the Royal Society of London B：Biological Sciences, 270*, 1499–1506.

４） Cormack, R. H. (1973). Haptic illusion：Apparent elongation of a disk rotated between the fingers. *Science, 179*, 590–592.

５） Ohka, M., Kawabe, Y., Chami, A., Nader, R., Yussof, H. B., & Miyaoka, T. (2010). Investigation on velvet hand illusion using psychophysics and FEM analysis. *International Journal on Smart Sensing and Intelligent Systems, 3*, 488–503.

自分でくすぐるとくすぐったくない
― 自身と外界を見分ける脳の仕組み ―

（宮崎　真）

　自分でくすぐるとくすぐったくない（**図 6.1**）。不思議に思ったことはないだろうか？　しかし，iPS 細胞や青色発光ダイオードの発明とは異なり，その謎を解明しても世の中の役に立つようには思えない。小学校で夏休みの自由研究のテーマに選ぼうとすれば，担任の先生に「そんなことよりも，毎日きちんとヘチマの観察をしなさい」といわれるかもしれない。しかし，この問題に大まじめに取り組んだ心理学者，神経科学者がいた。

図 6.1　自分でくすぐるとくすぐったくない

6.1　「運動指令」仮説の検証

　1971 年，この問題を実験心理学的に調べた研究報告が Nature 誌に掲載された[1]。著者の Weiskrantz らは，その原因は，くすぐるという運動行為を起こすための神経信号（**運動指令**）にあると考えた。

　その仮説検証のため，Weiskrantz らはハンドル操作によって足の裏をくすぐることのできる装置を用いて実験を行った。その実験の参加者はつぎの 3 条件で，くすぐったさを評価した。

　条件 1 では，実験者（＝他者）がハンドルを動かして参加者の足の裏をくすぐった。条件 2 では，参加者がハンドルを自らの手で動かして自分の足の裏を

くすぐった。条件3では，実験者がハンドルを動かして参加者の足の裏をくすぐったが，参加者はそのハンドルを手に握り，実験者のくすぐり動作とともに参加者の手も動かされた。

　ここで，各条件で参加者の神経系に生じる入出力信号を整理してみよう。条件1で生じるのは，くすぐり刺激による足の裏への触覚入力のみである。条件2では，足の裏への触覚入力だけではなく，ハンドルを動かすための運動指令が生じる。また，ハンドルを動かす手に運動感覚などが生じる。条件3では，足の裏への触覚入力が生じるが，運動指令は生じない。しかし，ハンドルを握る手に運動感覚などが受動的に生じる。つまり，条件2から条件3を差し引くと，「運動指令」による要因のみが残る。

　実験の結果，条件1と条件2を比べると，条件2のほうが，くすぐったさ評価が低かった。これにより，自分でくすぐるとくすぐったくないという日常経験が定量的に確認された。そして，条件2と条件3とを比べると，条件2のほうが，くすぐったさ評価が低かった。すなわち，自分でくすぐるとくすぐったくないという現象の原因が「運動指令」にあるとする仮説が支持された。

6.2　内部モデル理論：自身の運動出力の予測と感覚減弱

　Weiskrantz らの報告から四半世紀が過ぎた 20 世紀末ごろ，Blakemore らは，運動制御の**内部モデル**理論[2),3)]に基づき，自分でくすぐるとくすぐったくないという現象を再考した[4)]。

　内部モデルとは，身体や外部環境の振る舞いを脳内で模すための神経機構のことである。内部モデルとして**順モデル**と**逆モデル**の2タイプが提唱されているが，ここでは，本トピックに関わる順モデルについて説明する。

　順モデルとは，自ら発した運動指令によってどのような運動出力がなされ，どのような結果が得られるのかを**予測**するための内部モデルであり，そのプロセスの概要はつぎのとおりである（**図6.2**）[4)]。

　運動指令（①）が感覚運動システム（②）に送られ，これにより運動が出力される。そして，その結果，**感覚フィードバック**（③）が生じる。例えば，目

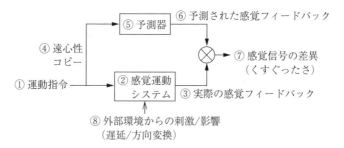

図 6.2　自身の運動出力の結果を予測し，外部環境からの刺激／影響と区別するプロセス（許諾を得て，引用文献[4]から再作図。©1999, MIT Press）

の前にあるコップをつかむと，その結果，つかんだコップの手触りが生じるといったように，①〜③のプロセスは日常経験からも容易に理解できる。

　内部モデル理論によれば，さらに運動指令のコピー信号（**遠心性コピー**：④）が予測器（⑤）に送られ，運動出力の結果として生じる感覚フィードバックが予測される。その予測された感覚フィードバック（⑥）は，実際の感覚フィードバック（③）と比較される（⊗）。

　ここで③と⑥が一致していれば，意図した運動出力がなんら妨げなく計画通り行われたと判別される。一方，③と⑥の間に差異があれば（⑦），それは外部環境からの刺激／影響（⑧）によるものと判別される。

　ここで，脳は自身の運動出力によるものと判別された感覚フィードバックを選択的に弱める（**感覚減弱**）。この感覚減弱により，外部環境に由来する感覚情報を相対的に際立たせ，外界での変化を鋭敏に検知することができる[4],[5]。

　Blakemore らは，自分でくすぐるとくすぐったくないという現象は，この「感覚減弱」によるものと考えた。

6.3　「自身の運動出力の結果の予測に伴う感覚減弱」仮説の検証

　その仮説を検証するため，Blakemore らは，二つのロボットアームからなるくすぐり装置を用いて実験を行った（**図 6.3**（a）の上）[4]。このくすぐり装置は，ロボットアーム１の動きに応じてロボットアーム２が動く仕組みになっ

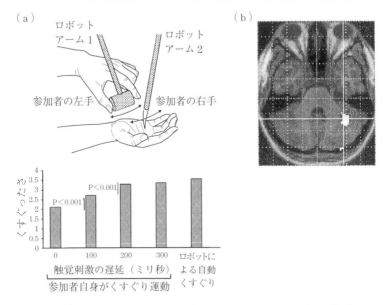

図6.3 （a）上：ロボットくすぐり装置，下：ロボットアーム1とロボットアーム2の間に動作遅延を加えたときの参加者のくすぐったさの変化（許諾を得て，引用文献[4]から再作図。©1999, MIT Press）。（b）PET計測の結果，二つのロボットアームの間の動作遅延が大きくなるほど活動が増大する領域が右の小脳に観測された（許諾を得て，引用文献[6]より転載。©2001, Wolters Kluwer Health）。なお，このPET計測にあたっては，参加者は右手でロボットアーム1を動かし，ロボットアーム2で自分の左の手のひらをくすぐった。小脳の体肢運動への関与は同側性であり，右小脳は右手の運動と対応している。

ている。実験の参加者は，この装置を介して，左手で自分の右の手のひらをくすぐった。ここまでは，Weiskrantzら[1]のくすぐり装置と本質的な違いはない。

　この実験では，ロボットアーム1とロボットアーム2の動きの間にずれを付加し，自身の運動出力から予測されるくすぐり刺激と実際のくすぐり刺激の間に差異を施した。そのずれの一つとして，二つのロボットアームの間に0，100，200，300ミリ秒の動作遅延（時間的ずれ）を設定した。

　ここで留意すべきは，上記の遅延条件のいずれでも，参加者がくすぐり運動を行っていたこと，つまり，「運動指令」が生じていたということである。自

分でくすぐるとくすぐったくないという現象が運動指令のみで説明されるなら
ば，遅延条件間でくすぐったさに差は生じないはずであった。

　実験の結果，図 6.3（a）の下のグラフに示されるように，遅延 0 ミリ秒，
すなわち自身の左手の動きと一致したタイミングで右の手のひらをくすぐった
ときには，くすぐったさが最も弱かった。しかし，遅延 100 ミリ秒では，くす
ぐったさが強まり，遅延 200 ミリ秒以上では，ロボットアームで自動的に（＝
他者に）くすぐられたときと同レベルまでくすぐったさが強まった。

　Blakemore らは，さらに二つのロボットアームの間に 0，30，60，90°の動
作方向の変換（空間的ずれ）を設定した実験も行った。その結果，遅延を施し
た実験と同様に，動作方向の変換が大きくなるほどくすぐったさが強まった。

　以上の実験結果により，自身の運動出力から予測されるくすぐり刺激と実際
のくすぐり刺激の間に時間的 / 空間的な差異を施せば，参加者が自分でくす
ぐっても，くすぐったくなることが確認された。すなわち，自分でくすぐると
くすぐったくないという現象は，自身の運動出力の結果の予測に伴う感覚減弱
によるものだとする仮説が支持された。

6.4　自身の運動出力の結果の予測に関連する脳部位の特定

　Blakemore らは，さらに**陽電子断層撮影法（PET）**を用いて，自身の運動
出力の結果の予測に関連する脳部位の特定を試みた[6]。

　PET 計測中，参加者は，上述の実験と同様のロボット装置を介したくすぐ
り課題を行い，二つのロボットアームの間には 0，100，200，300 ミリ秒の動
作遅延が設定された。

　その計測の結果，くすぐり刺激の遅延が大きいときほど，すなわち，自分で
くすぐってもくすぐったさが強いときほど大きな活動を示す領域が**小脳**に観測
された（図 6.3（b））。これは，自身の運動出力の結果として生じることが予
測された感覚フィードバックと実際の感覚フィードバックの間の差異を表す神
経活動を捉えたものと考えられる。

　内部モデルに基づく運動出力の結果の予測に小脳が関与していることが古く

から提唱されていた[2]。Blakemore らによる一連の研究は，自分でくすぐると
くすぐったくないという一見珍妙な現象を利用して，長年議論されてきた神経
科学の重要仮説の立証につながる知見を得たのだ。

6.5　おわりに：日常の身近な不思議から解き明かされる　　私たちのこころと脳

　自分でくすぐるとくすぐったくない。本トピックでは，この現象が，自身の
運動出力の結果の予測に伴う感覚減弱の表れであることを示した研究報告を紹
介した。感覚減弱は，外界の変化を鋭敏に捉えるために生じていると考えられ
ている[4],[5]。自身の運動行為によらない外界の変化は，私たちの行動や生存に
関わる可能性があり（例：不意に現れた障害物との接触や捕食者の接近など），
その検知は，脳の最優先機能の一つといえる。「しっぺ返しの応酬はエスカ
レートする」という社会的トラブルの種ともなりうる行動パターンも，この感
覚減弱で説明されている（トピック 13 参照）。日常の身近な不思議に目を向け
ると，そこには，こころと脳の仕組みを探るヒントが見つかるかもしれない。

引 用 文 献

1 ）Weiskrantz, L., Elliott, J., & Darlington, C. (1971). Preliminary observations on tickling oneself. *Nature, 230*, 598–599.

2 ）Ito, M. (1970). Neurophysiological aspects of the cerebellar motor control system. *International Journal of Neurology, 7*, 162–176.

3 ）Wolpert, D. M., Miall, R. C., & Kawato, M. (1998). Internal models in the cerebellum. *Trends in Cognitive Sciences, 2*, 338–347.

4 ）Blakemore, S. J., Frith, C. D., & Wolpert, D. M. (1999). Spatio–temporal prediction modulates the perception of self–produced stimuli. *Journal of Cognitive Neuroscience, 11*, 551–559.

5 ）Wolpert, D. M., & Flanagan, J. R. (2001). Motor prediction. *Current Biology, 11*, R729–732.

6 ）Blakemore, S. J., Frith, C. D., & Wolpert, D. M. (2001). The cerebellum is involved in predicting the sensory consequences of action. *NeuroReport, 12*, 1878–1884.

時間よ，止まれ！
― 身体の動きによって引き伸ばされる脳の中の時間 ―

（羽倉 信宏）

　私たちは，自分たちの生きている「時間」が一定のペースで流れているという前提知識をもって生活している。しかし同時に，「楽しい時間は早く過ぎ去り，つまらない時間は長く感じる」というように，時間が必ずしも一定のペースで経過していくように「知覚」されるわけではないことも経験的に知っている。では，なぜ一定に流れているはずの時間が延びたり縮んだりして知覚されるのだろうか？　そしてそこには，どのような脳の情報処理方略が隠されているのだろうか？　知覚される時間はさまざまな要因によって変化することがわかっている。本トピックでは，運動行為に伴って引き起こされる時間の**錯覚**を紹介する。

7.1　時計が壊れた！クロノスタシス錯覚が示す，運動後の時間の延長

　もし近くに秒針の付いた時計があれば，ぜひこの瞬間に素早く目を向けてみてほしい。目を向けてからつぎに秒針が動き出すまでの時間が長く感じられたのではないだろうか？　これが**クロノスタシス錯覚**と呼ばれる現象である。

　Yarrow ら[1]は，つぎに紹介するような実験によって，この錯覚現象と目の動きの関係を明らかにした（**図7.1**）。

　実験の参加者は画面上に十字で示された始点から，数字で示された到達点までサッと素早く目を動かすこと（**サッカード**）を指示された（図7.1（a））。

　到達点の数字は，はじめに「0」が呈示されていて，サッカードの開始とともに，「1」→「2」→「3」→「4」と切り替わった（図7.1（b））。ここで，サッカード開始直後に現れる「1」の呈示時間は0.4〜1.6秒の範囲で試行ごとに変わるように設定され，それに続く「2」，「3」の呈示時間は，それぞれ1秒で固定された。そして「4」が呈示されて数字の切り替えは完了した。

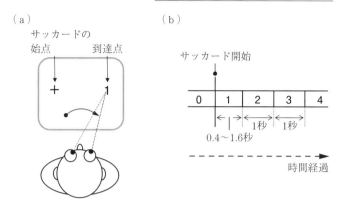

図7.1　クロノスタシス錯覚の実験概略図：（a）実験参加者は画面
　　上の始点（十字）から到達点（数字）までサッカードを行った。
　　（b）サッカードの到達点に呈示される数字の移り変わり。

　その後，参加者は「1」の呈示時間が「2」の呈示時間よりも長く感じたか短
く感じたかを答えた。

　実験の結果，参加者には，「1」の呈示時間が実際は1秒であっても，「2」の
呈示時間よりも長く感じられ，「1」の呈示時間が0.8〜0.9秒のときに，「2」
の呈示時間と同等の長さと感じられていたことが示された。すなわち，参加者
は目を動かした直後の数字の呈示時間を実際よりも長く知覚していた。

　この知覚される時間の延長は，参加者が目を動かさずに，数字のほうを画面
上で動かした場合では生じなかった。さらに，サッカードの始点と到達点の間
の距離を長くした場合，つまり眼球運動にかかる時間が長いときには，知覚さ
れる時間もさらに延長した。

　では，このクロノスタシス錯覚はどのような脳のメカニズムによって生じて
いるのだろうか？　外界の視覚情報は光が網膜に投影されることで受け取られ
るが，目を動かしているときは，網膜自身が眼球とともに動いてしまうので，
脳に入力される視覚像は歪んでしまう。視知覚を安定したものにするため，目
を動かしている最中の視覚情報の処理は抑制されることが知られている（**サッ
カード抑制**)[2]。

　しかし，私たちは目を動かすたびに世界が暗転するような経験はしない。ク

ロノスタシス錯覚は，「目を動かしている最中，外の世界はなにも変化しなかった」と脳が仮定し，目を動かすためにかかった時間の長さ分，眼球運動直後の視覚情報の持続時間を延長することで生じると解釈されている。つまり，じつは私たちが目を動かすたびに視覚入力は遮断されてしまっているが，このような突然のギャップができてしまっても視覚世界の整合性が保てるように脳は視覚情報を埋め合わせているのだ。

7.2 天才じゃなくても球が止まって見える？
運動準備期における時間の延長

　野球の神様と称えられた川上哲治の逸話に，「球が止まって見える」という発言がある。これは天才的な打者の持つ驚異的な動体視力によると解釈されることも多い。Hagura ら[3]は，つぎに解説するような実験により，一般人でも狙いを定めて素早く手を動かそうと準備している最中には，時間がゆっくりと経過しているように感じられること（**運動準備時間延長錯覚**）を明らかにした。

　実験の参加者は，画面上の白い円の呈示時間判断を行った（**図7.2**）。白い円の呈示時間は試行ごとに 0.7〜1.6 秒の間で変化した。参加者は，それまで

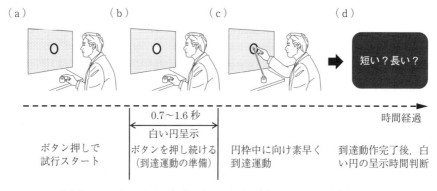

図7.2　運動準備による時間延長の実験概略図：（a）試行開始前：実験参加者がボタンを押し始めると試行がスタート。白い円の出現を待つ。（b）画面中央に白い円（呈示時間：0.7〜1.6秒）が出現。参加者は白い円が消えるまでボタンを押し続ける。（c）白い円が消えたら，参加者は素早く到達運動を開始し，円枠の中を人差し指でタッチする。（d）到達運動の完了後，白い円の呈示時間判断を行う。

に終えてきた全試行の白い円の呈示時間の平均を見積もり，その平均と比べて現試行での白い円の呈示時間のほうが長く感じたか，短く感じたかを答えた。

　各試行は，参加者のボタン押しによってスタートし（図7.2（a）），以下の二条件ともに，白い円の呈示中も参加者はボタンを押し続けた（図7.2（b））。

　運動準備条件では，白い円が消えたら，参加者はボタン押しをしていた手を放し，白い円を囲んでいた円枠の中に向けて素早く**到達運動**を行った（図7.2（c））。ここでは，参加者にしっかりと運動準備をさせるため，白い円が消えてから0.5秒以内に到達運動を開始するように制限した。そして到達運動完了後，上述の白い円の呈示時間判断を行った（図7.2（d））。

　一方，統制条件では，白い円が消えても，参加者はボタンを押したまま到達運動は行わず，白い円の呈示時間判断を行った。

　上記の二条件間では，白い円の呈示されている間の視覚入力も運動出力も同一であったが，到達運動の準備の有無が異なった。実験の結果，運動準備条件では，統制条件に比べて白い円が長く呈示されていたように感じられることがわかった。

　さらなる実験により，1）到達運動の標的の位置を運動開始までわからないようにして運動準備を十分にできないようにすると，知覚時間の延長作用は減弱すること，2）運動準備中に点滅する円を見せると，それがゆっくりと感じられること，3）運動準備中はつぎつぎに素早く呈示される文字を読む能力が上昇すること，などが明らかになった。

　以上の実験の結果から，素早い運動を開始しようとしているとき，その運動準備が十分にできているときには，時間が長くゆっくりと感じられること，そして，時間が長くゆっくりと感じられるのは，運動準備中に視覚情報処理の能力が上昇していることによって生じていることが示された。

　では，この運動準備に伴う視覚刺激の知覚時間の延長，すなわち視覚情報処理能力の上昇は，脳にとってどのような意義があるのだろうか？

　素早い運動はバリスティック（弾道）運動とも呼ばれ，一度開始するとなかなか途中では止めることができない[4]。しかし，外界は目まぐるしく変動して

おり，せっかく準備した運動計画を変更しなくてはならない事態がしばしば起こる。運動準備に伴う視覚情報処理の促進には，このような事態を運動開始前に速やかに検知し，外界の変化に応じた運動準備の変更を可能にするという役割があるのかもしれない。これは現時点では仮説に過ぎず，この作用の機能的意義や神経機序の解明は，今後の研究を待たなければならない。

　本節で解説したように，Hagura らの研究により，一般人でも運動準備の最中には，時間が延長したように感じられることが示された。しかし，一般の野球選手の中で「球が止まって見えた」という体験を持つ者は限られている。ここで思い出してほしい。知覚時間の延長が生じるのは，これから行おうとする運動の準備が十分にできているときである。川上哲治の天才的な打球技術を支えた要因の一つとして，投手がどこに球を投げるかを事前に読むことのできる卓越した**予測**力があったものと想像される。投げられた球と対峙する川上の脳の中には，その予測に基づくバッティング動作の準備が十分にできており，それが「球が止まって見える」という知覚を導いたのかもしれない。

7.3　おわりに：運動処理の過程で延び縮みする時間

　本トピックでは運動後と運動前に時間が延長する錯覚を紹介したが，運動中にはむしろ時間が縮んで感じられるという現象が報告されている。Morroneら[5]は，目を動かすとき，運動の開始タイミング付近で視覚刺激の呈示時間が短縮されて知覚されることを示した。これはサッカード抑制による視覚情報の減少が，視対象の持続時間の短縮として知覚されたためと考えられる[6]。

　また，Haggard ら[7]は，ボタン押し運動の 0.25 秒後に音が出る状況を作り，それを繰り返すと，ボタン押しと音との時間間隔が短縮しているように感じられることを示した（**インテンショナル・バインディング**，トピック 19 参照）。これは脳がボタン押しとその結果を結び付けようとする機能によるものと解釈されている。

　ここまでの結果をまとめると，1) 運動準備期には時間が延長[3]，2) 運動実行時付近では時間が短縮[5],[7]，運動終了時には時間が延長[1]して知覚される。

一見すると，運動の処理段階に依存して，個別には時間が延長や短縮して知覚されているようだが，運動準備から運動の終了までの処理過程の全体としては時間の長さの整合性が保たれているように見える（**図7.3**）。もしかしたら，一連の運動処理過程の中で知覚される時間は，総体として物理的時間とずれないようにするメカニズムが存在しているのかもしれない。

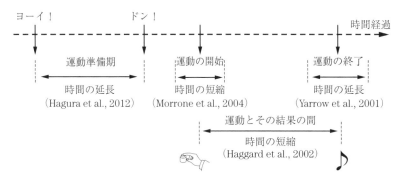

図7.3　運動実行の各段階における時間知覚の変容：運動準備中，および運動終了後は時間知覚の延長，そして運動開始前後では時間知覚の短縮が報告されている。

引 用 文 献

1 ）Yarrow, K., Haggard, P., Heal, R., Brown, P., & Rothwell, J.C.（2001）. Illusory perceptions of space and time preserve cross-saccadic perceptual continuity. *Nature, 414*, 302–305.

2 ）Bridgeman, G., Hendry, D., & Stark, L.（1975）. Failure to detect displacement of visual world during saccadic eye movements. *Vision Research, 15*, 719–722.

3 ）Hagura, N., Kanai, R., Orgs, G., & Haggard, P.（2012）. Ready steady slow：Action preparation slows the subjective passage of time. *Proceeding of the Royal Society B：Biological Sciences, 279*, 4399–4406.

4 ）大築 立志（1988）.「たくみ」の科学　朝倉書店

5 ）Morrone, M.C., Ross, J., & Burr, D.（2005）. Saccadic eye movements cause compression of time as well as space. *Nature Neuroscience, 8*, 950–954.

6 ）Terao, M., Watanabe, J., Yagi, A., & Nishida, S.（2008）. Reduction of stimulus visibility compresses apparent time intervals. *Nature Neuroscience, 11*, 541–542.

7 ）Haggard, P., Clark, S., & Kalogeras, J.（2002）. Voluntary action and conscious awareness. *Nature Neuroscience, 5*, 382–385.

オフサイド判定で誤審が起こりやすいわけ
― フラッシュラグ効果 ―

（山田 祐樹）

　錯視に代表されるように，私たちの視知覚は必ずしも物理的事実と一致しているわけではない。日常生活では，それに気づくことなく，特に問題も起こさず過ごすことができている。しかし，スポーツなどの瞬間的に厳密な視覚判断が求められる場面では，わずかな視知覚の錯誤が勝負の分かれ目となる。そして，それはプレイヤーだけでなく，試合をさばくレフェリーの判断をも左右する。本トピックでは**フラッシュラグ効果**[1]という**錯覚**現象に焦点を当てて，具体的に錯視がどのような問題を引き起こすのかについて紹介する。

8.1　オフサイド

　サッカーの特徴的なルールの一つにオフサイドがある。オフサイドは，攻撃側の選手が相手陣内の最後方から2人目の相手選手（オフサイドライン）よりもゴールラインに近い位置（オフサイドポジション）でプレイに関わることを禁じている。

　この反則が多く生じるのは，攻撃側の選手が相手ゴール方向へとパスを出した時点で，そのパスの受け手がオフサイドポジションに位置している場面である（**図8.1**）。つまり，攻撃側の最前線の選手の前方には相手側のゴールキーパーしか残っていない場面であり，ここでオフサイドと判定されるかどうかは，勝負を分ける重大なポイントになる。もしオフサイドのルールがなかったら，敵陣ゴール前での待ち伏せが可能になり，サッカーという競技の楽しみが損なわれてしまうだろう。

　オフサイドはタッチラインに位置する副審によって判定されるが，人間は当然間違い（誤審）も起こす。いつからか「誤審も含めてサッカー」などといわれるようになったが，上述のようにオフサイドの誤審はそれだけで試合結果を

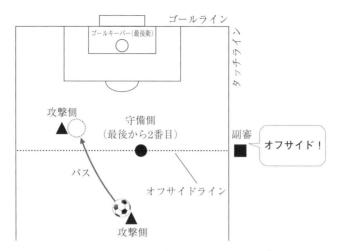

図8.1　オフサイドの例（許諾を得て，引用文献[5]より
改変して転載。©2002, SAGE Publications）

左右しかねず，ワールドカップのような大舞台で起これば大きな問題に発展する。例えば，ロジェ・ミラ（ペルー対カメルーン，1982年），トンマージ（韓国対イタリア，2002年），ジェコ（ナイジェリア対ボスニア・ヘルツェゴビナ，2014年）のオフサイドによるゴール取り消しは，ワールドカップの試合結果を変えてしまった有名な誤審である。

　オフサイドの誤審は副審の審判技術の未熟さだけに起因するものではない。現に，ワールドカップの副審は，経験豊かな審判員の中から選考されている。そして，そのような優秀な審判員でも重大な誤審を起こしうる。そこで研究者たちは，審判技能に左右されない一般的な視覚機能にもその原因が存在するのではないかと考えた。その中でも特に，"フラッシュラグ効果"と呼ばれる錯覚現象が誤審を生みやすいことがわかったのである。

8.2　フラッシュラグ効果

　フラッシュラグ効果とは，あるタイミングにおいて運動中の物体と静止した物体（フラッシュ）が物理的に並んでいるときに（**図8.2**（a）），運動物体の

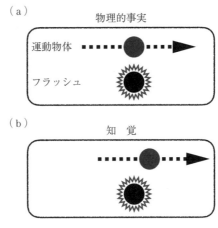

（a）

物理的事実

運動物体

フラッシュ

（b）

知　覚

図8.2　フラッシュラグ効果の例

ほうが静止物体よりも先に進んだ位置に知覚される錯覚現象である（図8.2
（b））。

　この現象の命名者のNijhawanは，フラッシュラグ効果を運動視における**予
測**機能の表れだと主張した[2]。つまり，動いているものを知覚するときに，神
経系は過去の動きから0.1秒ほど後の位置を予測して視知覚を形成しているの
だと考えた。

　その後，フラッシュラグ効果は，予測によるのではなく，動いている視覚刺
激の知覚が静止しているフラッシュよりも早く**意識**にのぼるためだとする
説[3]，予測ではなく**ポストディクション**（事後測）によるのだとする説[4]，な
どが提唱されている。その生起メカニズムについては，いまだ結論が定まって
いないが，このフラッシュラグ効果がほとんどの人に生じる頑強な錯覚現象で
あることは確かであり，いまも研究者たちの関心を集めている。

　研究者たちは，このフラッシュラグ効果がオフサイドの誤審に関係している
のではないかと主張した[5]。フラッシュラグ効果における運動物体を攻撃側の
選手，フラッシュをオフサイドラインだと考えてみると，この現象をそのまま
オフサイドの誤審が発生する場面に当てはめることができる（**図8.3**）。

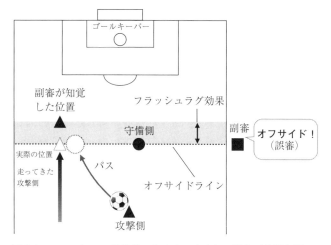

図 8.3　フラッシュラグ効果によるオフサイドの誤審（許諾を得て，引用文献[5]より改変して転載。©2002, SAGE Publications）

　攻撃時に，攻撃側の選手は相手ゴールラインへ向かって移動している。味方からのパスが出た瞬間，副審はその攻撃側選手とオフサイドラインの位置を比較する。するとこのときフラッシュラグ効果により，受け手の攻撃側選手の位置がより先へ進んだところに知覚される。これが，実際には攻撃側選手とオフサイドラインが並んでいるにもかかわらずオフサイドを宣告してしまう誤審を引き起こすのである。このフラッシュラグ効果の影響についてはその後も異なるシチュエーションにおいて繰り返し確かめられており，再現性が高いことが示されている[6),7)]。

8.3　オフサイドの誤審を防ぐ試み

　オフサイドの誤審をなくしていくためにはどうすればよいのだろうか。考えうる一つのアプローチは，審判をしやすいようにフィールドなどの環境を整備することだろう。ある試みでは，アメリカンフットボールのフィールドのように，サッカーのハーフコート内にゴールラインと平行な白線を6mごとに5本加えた状態で実験が行われたことがある[8)]。この白線は，結果として副審が

オフサイドラインと正確に並ぶ頻度を有意に高めることができた。しかしながら，オフサイドの誤審を減らすことはできなかった。なぜならば，前節で述べたように，人間の視知覚にはフラッシュラグ効果が頑強に生じるからである。フラッシュラグ効果が起これば，たとえフィールドにラインを引いて目印を増やしてもまったく役に立たない。

そこで，最近ではフラッシュラグ効果の影響を減じるためのトレーニングが試みられるようになった。おもに利用されるのはビデオ訓練[9]やいわゆるeラーニング[10]であり，正答フィードバックを与えながら同様のシチュエーションの判定を繰り返すものである。

その結果，どちらもオフサイド判定の正確性を有意に向上させることができた。これらのトレーニングでは，フラッシュラグ効果が避けがたく起こることを前提として，それでもなお正しい判定を行えることを目指している。エルナンデスのゴール（フランス対メキシコ，2010年）は誰がどう見てもオフサイドにしか見えないが，実際にはパスが出た瞬間はオフサイドラインと並んでいた。このようなシーンを何度も観察することで，ゲーム中であっても同様の判定を行える副審が多く育成されたならば，オフサイドの誤審が減り，サッカーがより公正なスポーツとなるであろう。

8.4 おわりに

運動物体の正確な位置判断は，球技をはじめとした多くのスポーツにおいて強く求められる技能である。そしてそれはプレイヤーだけでなく，レフェリーも含めた，ゲームに関与する多くの人にも当てはまる。またスポーツに限らず，交通や労働や狩猟といった，私たちの日常の多くの場面でも必要とされる。重要なのは，位置判断に限らず，このような錯覚現象がさまざまな判断や行動に重大な影響を及ぼしうることを理解し，それを補償するための解決策を見つけていくことであろう。

引　用　文　献

1) Mackay, D. M.（1958）. Perceptual stability of a stroboscopically lit visual field containing self–luminous objects. *Nature, 181,* 507–508.

2) Nijhawan, R.（1994）. Motion extrapolation in catching. *Nature, 370,* 256–257.

3) Whitney, D., & Murakami, I.（1998）. Latency difference, not spatial extrapolation. *Nature Neuroscience, 1,* 656–657.

4) Eagleman, D. M., & Sejnowski, T. J.（2000）. Motion integration and postdiction in visual awareness. *Science, 287,* 2036–2038.

5) Baldo, M. V. C., Ranvaud, R. D., & Morya, E.（2002）. Flag errors in soccer games：The flash–lag effect brought to real life. *Perception, 31,* 1205–1210.

6) Helsen, W., Gilis, B., & Weston, M.（2006）. Errors in judging "offside" in association football：Test of the optical error versus the perceptual flash–lag hypothesis. *Journal of Sports Sciences, 24,* 521–528.

7) Catteeuw, P., Gilis, B., Garcia–Aranda, J. –M., Tresaco, F., Wagemans, J., & Helsen, W.（2010）. Offside decision making in the 2002 and 2006 FIFA World Cups. *Journal of Sports Sciences, 28,* 1027–1032.

8) Barte, J. C. M., & Oudejans, R. R. D.（2012）. The effects of additional lines on a football field on assistant referees' positioning and offside judgments. *International Journal of Sports Science & Coaching, 7,* 481–492.

9) Catteeuw, P., Gilis, B., & Jaspers, A.（2010）. Training of perceptual–cognitive skills in offside decision making. *Journal of Sport & Exercise Psychology, 32,* 845–861.

10) Put, K., Wagemans, J., Spitz, J., & Williams, A. M.（2016）. Using web–based training to enhance perceptual–cognitive skills in complex dynamic offside events. *Journal of Sports Sciences, 34,* 181–189.

下手な動作は見ないほうが良い？
― 知らず知らずのうちに伝染する他者の動作 ―

（池上　剛）

　プロ野球のイチロー選手は以前，「自分のバッティングに影響するから，下手な人のバッティングは見たくない」と発言した[1]。読者の中には，この発言が傲慢で，ほかの選手に対して失礼だと感じる人もいるかもしれない。しかし，本トピックの主題である**運動伝染**[2]について知っていれば，自分自身の動作（自己動作）に対してきわめて鋭敏な感覚を持つ一流アスリートならではの発言だと感じるだろう。運動伝染とは，他者の動作（他者動作）の観察が知らず知らずのうちに自己動作の生成に影響を及ぼす現象のことである。本トピックは，運動伝染に関わる研究を紹介し，他者の動作がいかにして観察者の動作に影響を及ぼすのかを説明する。

9.1　二つの異なる運動伝染

　運動伝染には大きく分けて2種類ある。古典的な運動伝染は，観察者が他者動作を自動的に模倣してしまう現象である[3]。この運動伝染を，ここでは「模倣運動伝染」と呼ぶ。一方，筆者ら[4]が明らかにした新しい運動伝染は，他者動作の**予測**に依存して観察者の動作が変化してしまう現象である。この伝染を，ここでは「予測運動伝染」と呼ぶ。それぞれの運動伝染はどのように自己動作に影響を与えるのだろうか？

9.2　模倣運動伝染

　模倣運動伝染には複数の種類が存在する[3]。すべてに共通する特徴は，自己動作が本人の意図とは無関係に他者動作と類似する方向に変化することである。つまり，模倣運動伝染とは観察者が他者動作を自動的に模倣することを指す。この自動模倣の下位分類やその名称は研究者によって異なる。そこで，本トピックでは，他者動作の運動学的特性（位置・速度・加速度など），目標，

結果といった特徴を観察者が自動模倣する現象を，それぞれ「動作模倣」，「目標模倣」，「結果模倣」と呼ぶ。

　最初に，動作模倣の例としてBrassらの研究[5]を紹介しよう。参加者はモニター画面に数字の１が表示された場合は右手の人差し指を，２が表示された場合は中指を，可能な限り素早く上げるという課題を行った。ただし，これらの数字は課題と直接関係のない他者の右手の映像の上に重ねて表示された（**図9.1**）。すると，他者の手の動きは課題に無関係であるにもかかわらず，他者が数字と対応した指（1：人差し指，2：中指）を上げる条件（図9.1（ａ））では，手が動かない条件に比べて反応時間が短くなった。他者が数字と対応しない指を上げる条件（図9.1（ｂ））では，反応時間が長くなった。つまり，他者動作の観察は，観察者本人の意図とは無関係に他者と同じ特性の動作の生成を促すことがわかった。

（ａ）　　　　　　　　　一致条件　　　　　　（ｂ）　　　　　　　　不一致条件

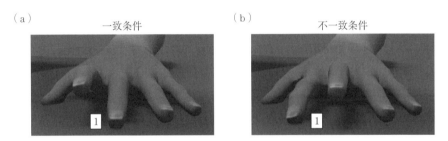

図 9.1　模倣運動伝染に関するBrassらによる実験で使用された視覚刺激
（引用文献[3]のFIG 1を基に作成）

　目標模倣を示したEdwardsらの研究[6]では，他者が大・小どちらか一方の物体（目標）をつかむ動作を見た後，参加者もいずれかの物体をつかむ動作を行った。すると，観察動作の目標と同じサイズの物体をつかむ場合，異なるサイズの物体をつかむ場合に比べて，参加者の動作時間が短縮した。さらに，他者が物体をつかむ動作を行わず，目標を見るだけの条件を観察した場合でも，目標が一致していれば参加者の動作時間は短縮した。つまり，他者動作の目標の観察は，観察者本人の意図とは無関係に同じ目標に対する動作の生成を促す

ことがわかった。

　結果模倣の例として，Gray と Beilock らによる野球のバッティングを用いた実験[7]を紹介しよう。野球の熟練者である参加者は，ライト，センター，あるいはレフト方向に飛んでいく打球の映像（打者の動作は一切含まれない）を見た後，センター方向を狙ってヒットを打つという運動課題を行った。すると，ライトへの打球を見た後はライト方向へのヒットが増え，レフトへの打球を見た後はレフト方向へのヒットが増えた。つまり，他者動作の結果の観察は，観察者本人の意図とは無関係に同じ結果を導く動作の生成を促すことがわかった。

　以上の結果は，他者動作やその目標，結果の観察によって，同じ特徴の動作が自動模倣されやすくなることを示している。これらの実験例に加えて，仕草や癖といった日常の何気ない行為も自動的に模倣されやすいことが知られている（カメレオン効果）[8]。例えば，私たちが誰かと会話している際，相手が足を組むと，無意識のうちに自分も同様の行為を行いやすくなる。ここでポイントとなるのは，組み足の上下や組み方のような動作の特徴が必ずしも一致するわけではなく，「足を組む」という行為が模倣されるところである。これらの自動模倣はすべて，自己動作が他者動作に類似する方向に変化するため，模倣運動伝染に分類される。

　なぜ模倣運動伝染が起こるのだろうか？　それは他者動作を見ているときの脳の働きと関係がある。他者動作を見るとき，脳はその動作を自分が行うときと似た活動を示す[9]。観察した他者動作に対して鏡映しのように反応することから，このような活動を示す細胞群は**ミラーニューロン**と呼ばれる。この脳活動は，脳が他者動作を認識するため，自分の**運動系**によってその動作をシミュレーションしていることを反映している[10]。他者動作の観察中や直後では，そのシミュレーションの影響を受けるため，観察者は他者動作に類似した動作を生成しやすくなると考えられている[2]。

9.3　予測運動伝染

　つぎに，筆者らが報告した予測運動伝染[4)]について説明しよう。この研究では，他者動作の結果予測が自己動作に与える影響を調べるため，素人が的の中心に向けてダーツを投げるビデオ（ダーツ軌道とダーツボードが見えないように撮影）をダーツの熟練者に観察させた。熟練者は，そのビデオ観察から素人の動作の結果（ダーツが刺さった場所）を予測する予測課題（**図 9.2**（a））と，自分自身がダーツを投げる運動課題を行った（実験1）。

　熟練者は，素人の動作の目標（ダーツボードの中心を狙っている）に関する教示と試行ごとの結果のフィードバック情報を手掛かりにして，素人の動作の

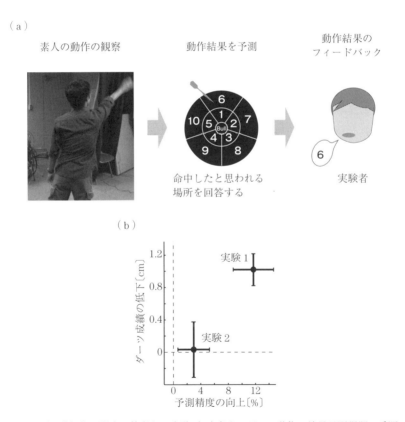

図 9.2　予測運動伝染に関する筆者らの実験：（a）素人のダーツ動作の結果予測課題の手順。（b）熟練者の予測能力の変化とダーツ成績の変化関係。

結果を正確に予測できるようになった。面白いことに，この予測能力の向上に伴い，熟練者のダーツ成績が低下したのである（図9.2（b））。

しかし，この結果だけでは，熟練者のダーツ成績の低下が単に素人の動作を見たから生じたのか，それとも素人の動作の結果を正確に予測できるようになったから生じたのか判断できない。そこで，素人のダーツ動作を見ても熟練者の予測能力が向上しないよう，今度は素人の動作目標に関する教示と結果のフィードバック情報を与えないようにして，先と同様の実験を行った（実験2）。

すると，先ほどと同じビデオを見たにもかかわらず，熟練者の予測能力は向上せず，熟練者のダーツ成績も低下しなかった（図9.2（b））。この結果は，他者動作を見るだけで生じる模倣運動伝染では説明できない。これにより，他者動作の予測能力の変化によって生じる予測運動伝染の存在が明らかになった。

なぜ予測能力が向上すると熟練者のダーツ成績が悪化したのだろうか？　それは，動作結果の予測が運動系を利用した他者動作のシミュレーションによって行われている[10),11)]とする説によって説明できる。ここで重要な点は，その運動系が自己動作を生成するための運動系でもあるということだ。つまり，他者動作に対する予測能力の変化は，自己動作の変化を導いたと考えられる。

ダーツ実験の場合，熟練者は"下手な"素人動作に対して予測能力を向上させようとした。このとき，熟練者は知らず知らずのうちに自身の運動系を更新していたことになる。そして，洗練された熟練者の運動系に加えられた意図されていない変化は，熟練者のダーツ成績を低下させるように働いたと考えられる。

9.4　おわりに

私たちの動作は，運動伝染を介して知らず知らずのうちに他者から影響を受けている。本トピックで紹介した二つの運動伝染を上手く利用できれば，スポーツ初心者や運動障害がある患者に対して，動作観察を介した効果的な運動指導やリハビリテーションが可能になるかもしれない。一方，ダーツの例のよ

うに運動熟練者が“下手な”動作を見るような状況では，運動伝染が負の影響を与える場合もある。そのような負の運動伝染を受けない最も簡単な実践方法がすでにある。それは，自分より下手な人の動作を見ないことである。イチロー選手は，以前から運動伝染の影響に気づいていたのかもしれない。

引　用　文　献

1 ）上阪 正人（2007）．イチロー，視線はア・リーグ…DH 制は必須条件？ 夕刊フジ 6 月 19 日．

2 ）Blakemore, S. J., & Frith, C.（2005）. The role of motor contagion in the prediction of action. *Neuropsychologia, 43*, 260–267.

3 ）Heyes, C.（2011）. Automatic imitation. *Psychol Bull, 137*, 463–483.

4 ）Ikegami, T., & Ganesh, G.（2014）. Watching novice action degrades expert motor performance : Causation between action production and outcome prediction of observed actions by humans. *Scientific Reports, 4*, 6989.

5 ）Brass, M., Bekkering, H., Wohlschläger, A., & Prinz, W.（2000）. Compatibility between observed and executed finger movements : Comparing symbolic, spatial, and imitative cues. *Brain and Cognition, 44*, 124–143.

6 ）Edwards, M. G., Humphreys, G. W., & Castiello, U.（2003）. Motor facilitation following action observation : A behavioural study in prehensile action. *Brain and Cognition, 53*, 495–502.

7 ）Gray, R., & Beilock, S. L.（2011）. Hitting is contagious : Experience and action induction. *Journal of Experimental Psychology : Applied, 17*, 49–59.

8 ）Chartrand, T. L., & Bargh, J. A.（1999）. The chameleon effect : The perception–behavior link and social interaction. *Journal of Personality and Social Psychology, 76*, 893–910.

9 ）Rizzolatti, G., & Craighero, L.（2004）. The mirror–neuron system. *Annual Review of Neuroscience, 27*, 169–192.

10 ）Jeannerod, M.（2001）. Neural simulation of action : A unifying mechanism for motor cognition. *Neuroimage, 14*, S103–109.

11 ）Friston, K., Mattout, J., & Kilner, J.（2011）. Action understanding and active inference. *Biological Cybernetics, 104*, 137–160.

よく学び，よく休め
― 運動記憶のコンソリデーション ―

（門田　宏）

　試験直前の休み時間に英単語を繰り返し暗唱して覚えても，いざ試験となったらまったく覚えていなくてがっかり。こんな経験から，**記憶**とは，はかなく，時間が経つにつれて消え去っていくものという印象があるかもしれない。その一方で，もう少し長い目でみてみると，覚えた直後はもろく不安定だった記憶が，時間が経つにつれて安定し，固定化されることが知られている。この時間の経過に伴う記憶の固定化のことを**コンソリデーション**[1]という。

　新たな身体の動かし方を覚える運動記憶の獲得においてもこのコンソリデーションは重要な役割を担う。もし，コンソリデーションが起こらなかったら，新しい運動を覚えるたびに運動記憶は書き替えられ，それ以前に習得した運動技能が消し去られてしまう。コンソリデーションが起こるおかげで，私たちは複数の運動記憶を保持し，多様な運動技能を身に付けることができるのである。

　そのコンソリデーションの形成に「休憩」が重要な役割を担うことを示した成果の一つが，1996 年の Nature 誌に掲載された論文 "Consolidation in human motor memory"（「人の運動記憶におけるコンソリデーション」）[2]である。

10.1　運動の学習過程を調べる

　コンソリデーションの解説に入る前に，運動の学習過程を調べる手法を紹介しておこう。「身体の動かし方」が練習によって変化していく様子を研究するにあたって，ロボットアームを使った**到達運動**課題が広く用いられている（**図10.1**）。実験の参加者は，パソコンでマウスを動かしてカーソルを操作するように，ロボットアームを動かしてカーソルがターゲット内に到達するように操作する。

　その到達運動中に，ロボットアームから腕に外力を加える，あるいは，腕の動きとカーソルの動きの対応関係に変換を加えるなどの外乱を与え（トピック

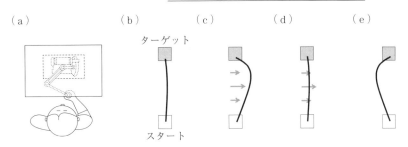

図10.1　到達運動における外力の学習：（a）ロボットアームを操作する参加者。（b）外力のない条件での到達運動。（c）右方向の外力下での到達運動（学習初期）。（d）右方向の外力下での到達運動（学習後期）。（e）キャッチ試行における後効果。黒線はカーソルの軌道，灰色矢印は外力の方向を表す。

11参照），それに対して参加者の運動応答が適応していく過程を観測することにより，運動の学習過程を調べるのだ。

　通常，ロボットアームを握り正面のターゲットに腕を伸ばそうとすると，その運動はまっすぐな軌道を描く（図10.1（b））。ところが，例えば運動方向に対して右方向に垂直な外力が加わると，運動の軌道は右方向に湾曲してしまう（図10.1（c））。しかし，このような外力のある条件下で到達運動を繰り返すと，参加者は，その外力を**予測**してそれに対抗した力を加えられるようになり，到達運動は再びまっすぐな軌道を描くようになる（図10.1（d））。図10.1（b），（d）では運動軌道は似ているが，参加者の「身体の動かし方」はまったく異なっていることに注意してもらいたい。

10.2　休憩がもたらす運動記憶のコンソリデーション

　到達運動中に外力を与える手法を用いて，Brashers–Krugらは，新しい運動記憶を獲得した後の「休憩」がコンソリデーションに与える影響を調べた（**図10.2**参照）[2]。

　参加者は8方向のいずれか一つに呈示されるターゲットに向かってカーソルを動かす。外力のないベースライン条件では，到達運動の軌道はターゲットに向かってまっすぐ描かれる（図10.2（a））。

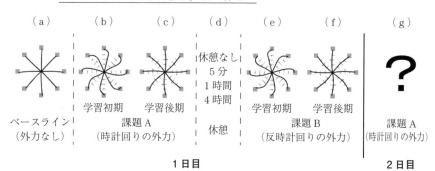

図 10.2　Brashers–Krug ら[2]による実験（課題 A が時計回りの外力の場合）：1 日目は，（a）ベースライン（外力なし），（b），（c）課題 A（時計回りの外力），（d）休憩，（e），（f）課題 B（反時計回りの外力）の順番で行われる。（g）2 日目に再び課題 A を行う。2 日目の課題 A のパフォーマンスから運動記憶の状態を評価することができる。その結果は？→図 10.3（a）

　つぎに，外力（時計回り方向もしくは反時計回り方向）が加わる条件下での到達運動を練習する（課題 A）。学習初期では外力によって運動の軌道が湾曲してしまうが（図 10.2（b）），練習を重ねた学習後期では再びまっすぐな運動軌道を描くようになる（図 10.2（c））。

　その後，逆方向の外力（課題 A が時計回り方向の場合は反時計回り）が加わる条件下で到達運動を練習する（課題 B，図 10.2（e），（f））。このとき課題 A と課題 B の間の休憩時間として，休憩なし，5 分，1 時間，4 時間の 4 条件を設けた（図 10.2（d））。そして，つぎの日に再び課題 A を参加者に行わせた（図 10.2（g））。この 2 日目に行った課題 A の結果によって，「休憩」がコンソリデーションに与えた影響が評価された。

　1 日目に行った課題 A と課題 B のように，相反する課題を続けて学習すると，**逆向干渉**を引き起こすことがある[3]。これは，課題 A を練習してうまくできるようになっても，その後に課題 B を練習したことによって，課題 A での運動記憶が消去されてしまう現象である。しかし，課題 A の運動記憶が固定化（コンソリデーション）していれば，課題 B を練習した後も課題 A の運動記憶は保持されており，課題 A に応じた運動が速やかに現れるはずだ。

　つまり，2 日目に再度課題 A を行ったとき，もし 1 日目の学習初期のような

パフォーマンス（図10.2（b））になるなら課題Aの運動記憶が保持されていないことを示しており，もし速やかに学習後期のようなパフォーマンス（図10.2（c））になるなら学習した課題Aの運動記憶が保持されていたことになる。

さて，結果はどのようになったのであろうか？　課題Aと課題Bの間の休憩を休憩なし，5分，1時間，4時間とした4グループ，および課題Aのみを行った（課題Bを行わない）統制グループを比較した結果，休憩なし，5分，1時間のグループに比べて4時間および統制グループの運動記憶の保持がよかった（**図10.3**（a））。すなわち，4時間の休憩を挟んだ場合に，課題Aの運動記憶がコンソリデーションされていたのだ。

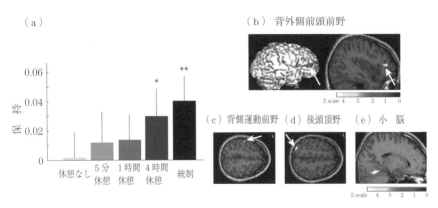

図10.3　（a）休憩時間の長さが運動記憶の保持量に与える影響（許諾を得て，引用文献[2]より転載。©1996, Nature Publishing Group）。運動記憶の獲得に関連する脳部位：（b）背外側前頭前野，運動記憶のコンソリデーションに関連する脳部位：（c）背側運動前野，（d）後頭頂野，（e）小脳（許諾を得て，引用文献[4]より転載。©1997, American Association for the Advancement of Science）

10.3　運動記憶のコンソリデーションに関連する脳部位

では，運動記憶のコンソリデーションが生じる背景では，脳にどのような変化が起きているのだろうか？　Shadmehrらは，**陽電子断層撮影法（PET）**を用いて，外力のある条件下で右手で到達運動を行っている参加者の脳活動を計測した（図10.3（b）～（e）参照）[4]。

その結果，運動記憶の獲得に関連すると考えられる脳活動が右の**背外側前頭**

前野で観測された（図 10.3（ b ））。5.5 時間の十分な休憩を挟んでコンソリデーションが成立した段階では，背外側前頭前野の活動は低下した。そして，左の**背側運動前野**（図 10.3（ c ）），**後頭頂野**（図 10.3（ d ）），および右の**小脳**（図 10.3（ e ））にコンソリデーションに関連すると考えられる脳活動が観測された。Shadmehr らは，獲得された運動記憶は小脳で安定した状態で保持され，背側運動前野と後頭頂野のネットワークによってその運動記憶が呼び出されていると考察した。

10.4 運動記憶のコンソリデーションを促進する要因

しかし，Caithness を筆頭著者としたカナダ，日本，イギリスの合同チームが到達運動課題におけるコンソリデーションを調べたところ，どの機関においても運動記憶のコンソリデーションが観測されなかった[5]。この報告により，運動記憶のコンソリデーションの存在自体に疑問が呈された。

なぜ，このような実験結果の違いが生じたのか？ Overduin らは，コンソリデーションを報告した Brashers–Krug らによる先行研究[2]と Caithness ら[5]の研究を比較し，練習メニューに大きな違いがあることに注目した。それは，「キャッチ試行」の有無である。

キャッチ試行とは，外力条件下で到達運動を練習している途中にときどき挟まれる，外力のない試行のことである。参加者は，外力に対する到達運動を学習すると，つねに外力を予測した身体の動かし方をするため，外力がないと，外力とは反対方向に軌道が曲がってしまう（**後効果**）（図 10.1（ e ））。そのため参加者の運動習得状況を評価する指標の一つとなっている。

このキャッチ試行が，コンソリデーションを報告した研究では用いられていたのに，コンソリデーションが観測されなかった Caithness らの研究では用いられていなかったのである。

そこで，Overduin らは，外力条件下で到達運動を練習している間にキャッチ試行が含まれるグループと，含まれないグループの運動応答を比較した[6]。その結果，キャッチ試行があるグループではコンソリデーションが起きたが，

キャッチ試行がないグループではコンソリデーションは起きなかった。

　練習中にキャッチ試行が挟まれることによってなぜコンソリデーションが起こりやすくなるのか，その理由はまだはっきりとわかっていない。しかし，この結果から，新たな運動を学習するときは，その課題をひたすら練習し続けないほうがむしろ運動記憶を安定化させるためによいことが示唆される。

10.5　おわりに：多様な運動技能を身に付けていくために

　手を伸ばしてものをつかむことから，楽器演奏や各種スポーツなど，私たちはこれまでに多くの運動を学習してきており，きっとこれからも多くの新たな運動を学習していくことだろう。生涯にわたって多様な運動技能を身に付けていくために，コンソリデーションは大きな役割を担っている。そのコンソリデーションを有効活用していくためには，しっかり休憩をとることが重要である。また，同じ練習をひたすら続けると，その効果が期待できなくなる。あまり根詰め過ぎずによく休むこと，それが運動学習の秘訣といえそうだ。

引　用　文　献

1) McGaugh, J. L. (2000). Memory—a century of consolidation. *Science, 287*, 248–251.

2) Brashers-Krug, T., Shadmehr, R., & Bizzi, R. (1996). Consolidation in human motor memory. *Nature, 382*, 252–255.

3) Sternad, D. (Ed.). (2008). Progress in motor control, a multidisciplinary perspective. *Advances in Experimental Medicine and Biology, 629*. New York : Springer Verlag.

4) Shadmehr, R., & Holcomb, H. H. (1997). Neural correlates of motor memory consolidation. *Science, 277*, 821–825.

5) Caithness, G., Osu, R., Bays, P., Chase, H., Klassen, J., Kawato, M., ... Flanagan, J. R. (2004). Failure to consolidate the consolidation theory of learning for sensorimotor adaptation tasks. *The Journal of Neuroscience, 24*, 8662–8671.

6) Overduin, S. A., Richardson, A. G., Lane, C. E., Bizzi, E., & Press, D. Z. (2006). Intermittent practice facilitates stable motor memories. *The Journal of Neuroscience, 26*, 11888–11892.

無の境地でナイスプレイ

― 身体運動の学習と制御における意識的なプロセスと無意識的なプロセス ―

（平島 雅也）

　たくさんの足を上手に動かして歩くムカデが足の運び方を**意識**した途端に歩けなくなったという寓話がある。このムカデのジレンマのように，無意識で行っている運動を意識すると，うまくいかなくなってしまうという経験はないだろうか？　例えば，スポーツ場面においても，テニスやゴルフでスイングの仕方を意識しすぎたときに失敗してしまったという話を耳にする。

　スポーツコーチングにおいても，良かれと思って行った指導がかえって選手をスランプに陥らせることも考えられる。2006 年の Mazzoni と Krakauer の研究は，正解の教示に基づく意識的な戦略が運動パフォーマンスをむしろ悪化させてしまうことを明らかにした。本トピックでは，脳の意識的・無意識的なプロセスの違いと相互作用に焦点を当て，運動学習においてどのように意識的介入がなされるべきかを考えるきっかけになる知見を紹介していきたい。

11.1 記憶における意識と無意識：宣言記憶と手続記憶

　私たちの**記憶**はさまざまに分類されている。そのうち，意識的プロセスに関わる記憶として，**宣言記憶**が挙げられる。これは，昨日の夕飯のメニューや家族の名前など，言語化できる記憶である。一方，無意識的プロセスに関わる記憶の一つとして，**手続記憶**が挙げられる。これは，箸の使い方や自転車の乗り方など身体の動かし方に関する，言語化が困難な記憶のことである。

　これら二つの記憶が脳の異なる領域で処理されていることを示す有名な実験がある[1]。この実験に参加した **HM** は，てんかん発作治療のため両側の**内側側頭葉**（**海馬**や**嗅内野**を含む）を切除された記憶障害の患者であった。彼は，新たな宣言記憶を形成することができない症状に見舞われ（**前向性健忘**），紹介されたばかりの人の名前をすぐに忘れてしまうほどであった[2]。Milner は，この患者 HM に鏡で映した星型の輪郭を手でなぞる運動課題（鏡映描写課題）

を三日間行わせた[1]（**図 11.1**）。

　一日目，初めて行う課題のため最初は大きな
誤差が生じてしまったが，繰り返し行ううちに
誤差はしだいに減少していった。二日目，この
課題を行ったことすら忘れてしまった HM は，
初めて行うつもりでこの課題に取り組んだ。す
ると，不思議なことに，課題の成績は一日目の

図 11.1　鏡映描写課題

最初よりも格段に良かったのである。課題に関する宣言記憶は形成されていな
いにもかかわらず，身体の動かし方に関する手続記憶を形成することはできた
のである。三日目，同様に初めて行うつもりで課題に臨んだ HM は二日目の
最初よりもさらに良い成績を出したという。

　この結果は，運動に関する手続記憶が内側側頭葉以外の場所で形成・保持さ
れていることを示したと同時に，手続記憶に無意識的なプロセスが大きく関与
していることを示唆している。

11.2　意識的なプロセスと無意識的なプロセス

　手続記憶の形成に，意識的なプロセスの入り込む余地はあるのだろうか？
意識的なプロセスが手続記憶の形成にどのような影響を与えるかは，心理学や
神経科学における重要なテーマであるが，その核心に迫ることができた研究は
それほど多くない。ここでは，その中でも特に重要な Mazzoni と Krakauer[3]
の研究を紹介する。

11.2.1　視覚運動回転課題

　運動学習の研究では，手の動きによって画面上のカーソルを操作してター
ゲットまで移動させる**到達運動**を用いることが多い[4]。Mazzoni と Krakauer[3]
は，手とカーソルの動きの関係性を変更し，その新規な条件に参加者が適応す
る過程を調べた。

　実験では，参加者が見ている画面に八つのターゲット円がつねに表示されて
おり，一回の試行ごとにその中からランダムに一つが選ばれ，円形から目玉形

に変化する（**図 11.2**（a））。参加者は，これを合図にスタート位置（S）にあるカーソルをターゲット（T）へ向けて移動させる。参加者にはカーソル位置のみ提示され，実際の手の位置は見えない。

ベースライン条件（図 11.2（b））では，手の運動方向と同じ方向へカーソルが表示されるため，参加者はほとんど誤差なくカーソルをターゲットへ到達させることができる。一方，視覚運動回転条件（図 11.2（c））では，手と

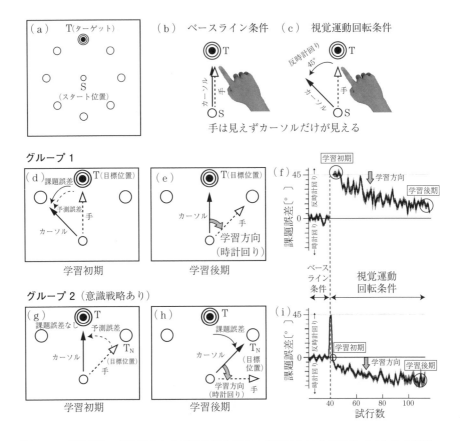

図 11.2 到達運動の実験設定および視覚運動回転の学習における意識的プロセスの影響：（a） 画面に表示される開始位置とターゲット位置。（b，c） ベースライン条件と視覚運動変換条件における手とカーソル位置の関係。参加者にはカーソル位置のみが提示され，実際の手の位置は見えない。（d～i） 視覚運動回転条件における手，カーソル，課題誤差，予測誤差の変化（d～f：グループ1，g～i：グループ2）。

カーソルの動きの関係性に変更が加えられる。具体的には，手の運動方向から45°反時計回りにずれた方向へカーソルが動く。

　この新規な条件での学習プロセスを調べるため，二つの参加者グループが設定された。意識的な戦略を特に与えないグループ1では，視覚運動回転条件に切り替わった後に45°の課題誤差（ターゲットとカーソルの誤差）が生じた（図11.2（d），（f）「学習初期」）。しかし，この条件で繰り返し到達運動を行わせると，特に戦略の提示がなくともしだいに手をターゲットから時計回り45°方向へ動かすようになり，課題誤差は徐々に減少した。最終的に，グループ1の参加者は画面上のカーソルをターゲットに到達させることができた（図11.2（e），（f）「学習後期」）。

11.2.2　意識的な学習戦略

　グループ2の参加者に対しては，意識的な戦略を教示して課題を行わせた。具体的には，視覚運動回転条件に切り替わってから2試行分大きな課題誤差を経験した後，「いま生じた大きな誤差は，実験装置がカーソルを反時計回りに45°回転させたためです。真のターゲット（T）から時計回りに45°隣のターゲット（T_N）を狙うことで，この誤差を解消することができます。」と教示した。

　すると，参加者はその戦略をただちに実行することができ，その直後の試行において課題誤差を一気にゼロにまで減少させることができた（図11.2（g），（i）「学習初期」）。もし，課題誤差を減らすことだけを目標に脳が機能しているのだとすれば，これ以上試行を継続してもなにも変化が起きないはずである。しかし，実際にはそうはならなかった。課題誤差は回転方向と逆方向に徐々に大きくなり，参加者はこの誤差を最後まで解消することができなかったのである（図11.2（h），（i）「学習後期」）。

　課題誤差をいったんゼロに減少させたにもかかわらず，なぜ参加者はさらに同じ学習方向に修正を続けたのだろうか？　この学習方向から察するに，グループ2の参加者は「手を目標位置（T_N）に到達させる」と意識することで課題誤差をゼロにしたにもかかわらず，その後も「カーソルを目標位置（T_N）に到達させる」修正を続けていたと考えられる。つまり，無意識のうちに目標

位置（T_N）とカーソル位置の矛盾を解消するような学習が行われていたのだ。

11.2.3　潜在的な学習プロセス

MazzoniとKrakauer[3]は，意識的なプロセスとは独立に機能する潜在的な学習プロセスを仮定すると，グループ2の結果をうまく説明できると考えた。参加者が教示を受けた直後の試行では，真のターゲット（T）とカーソルの間に誤差はないが，狙った目標位置（T_N）とカーソルの間には45°の隔たりがある（図11.2（g））。この誤差がなんらかの役割を担っているのではないだろうか？

トピック6で説明したように，脳は自分の発した**運動指令**によって，どのような運動出力や**感覚フィードバック**が返ってくるのかを**予測**するシステムを備えている（**順モデル**）[5]~[7]。T_Nを狙った場合，脳はT_N方向へカーソルが動くことを予測する。しかし，カーソルはT_Nから45°離れた方向へ動いてしまう。つまり，この誤差は，予測と結果の誤差（予測誤差）と捉えることができるのである。もし，脳が予測と結果の間に齟齬がなくなるようにつねに運動指令を調整しているのだとすれば[8]，T_Nを狙ったときにカーソルがT_Nに向かうように学習が生じるはずで（図11.2（h）：T_Nへの学習），実験結果を見事に説明することができる。

この考え方が正しいとすれば，グループ1でもグループ2でも同様な予測誤差が生じていることから（図11.2（d），（g）），両グループで同じ学習プロセスが関わっていてよいはずである。実際，グループ1におけるTへの学習速度と，グループ2におけるT_Nへの学習速度には差が見られず，同じプロセスの関与が示唆される結果となった。

ここで重要なことは，この予測誤差に関する学習プロセスの「潜在性」である。実験後のインタビューで，グループ2の参加者は皆口を揃えて，「明示的な戦略によって課題を達成しようとしているにもかかわらず成績がどんどん悪化していってしまうことに対してフラストレーションを感じた」と報告している。彼らの意識には真のターゲット（T）に対する課題誤差しかのぼっておらず，目標位置であるT_Nに対する予測誤差に対して学習が進んでいることには誰一人として気づいていなかった。

この結果は，意識的な戦略の存在下であっても，予測誤差に基づく学習プロセスが潜在的に機能していることを示している。ここでいう「潜在性」とは，「無意識性」に加え，「常時性」も含む。すなわち，意識的なプロセスによって打ち消されることなく，つねに機能し続けるという意味も含むことを注意したい。

11.3　おわりに：優れたコーチングとは

私たちは自分の運動を意識的に自在に変容させることができると考えてしまいがちであるが，予測誤差を減らそうとする潜在的な学習プロセスの影響から逃れることはできない。本実験で示したように，両者が競合してしまった場合にはパフォーマンスが落ちてしまう可能性すらある。スポーツなどのコーチングでは，潜在的プロセスの機能を見極めてから意識づけの内容を決定する必要がありそうだ。

引 用 文 献

1) Milner, B. (1965). Memory disturbance after bilateral hippocampal lesions. In P. M. Milner, & S. Glickman (Eds.), *Cognitive processes and the brain*, (pp. 97–111). New Jersey : Princeton, Van Nostrand.

2) Corkin, S. (2002). What's new with the amnesic patient H. M.? *Nature Review Neuroscience, 3,* 153–160.

3) Mazzoni, P., & Krakauer, J. W. (2006). An implicit plan overrides an explicit strategy during visuomotor adaptation. *The Journal of Neuroscience, 26,* 3642–3645.

4) Shadmehr, R., & Mussa–Ivaldi, F. A. (1994). Adaptive representation of dynamics during learning of a motor task. *The Journal of Neuroscience, 14,* 3208–3224.

5) Miall, R. C., & Wolpert, D. M. (1996). Forward models for physiological motor control. *Neural Networks, 9,* 1265–1279.

6) Miall, R. C., Christensen, L. O., Cain, O., & Stanley, J. (2007). Disruption of state estimation in the human lateral cerebellum. *PLoS Biology, 5,* e316.

7) Shadmehr, R., Smith, M. A., & Krakauer, J. W. (2010). Error correction, sensory prediction, and adaptation in motor control. *The Annual Review of Neuroscience, 33,* 89–108.

8) Tseng, Y. W., Diedrichsen, J., Krakauer, J. W., Shadmehr, R., & Bastian, A. J. (2007). Sensory prediction errors drive cerebellum–dependent adaptation of reaching. *Journal of Neurophysiology, 98,* 54–62.

"やる気"が脳に効くわけ
―"側坐核"がリハビリテーション効果をアップ―

（鈴木 迪諒，西村 幸男）

　やる気に満ちているときに，スポーツ競技や勉学の成績が良い結果につながったという経験を多くの方が持っていることだろう。スポーツ競技やリハビリテーションの現場では，選手や患者のやる気を引き出すことがより高いパフォーマンスを引き出す鍵だとされている。しかし，やる気がどのように運動パフォーマンスに貢献しているのかについて科学的な証拠は乏しく，経験論によって語られていることが多い。この問題を神経科学の観点から明らかにした研究が 2015 年に筆者らの研究グループが Science 誌に発表した "Function of the nucleus accumbens in motor control during recovery after spinal cord injury"（「脊髄損傷後の運動機能回復中の運動制御における側坐核の機能」）[1]である。本トピックでは，これまでの研究や上記の研究結果を基に，"やる気"がどのように私たちの日常生活に関わっているのかを考えてみたい。

12.1 報酬と運動パフォーマンス

　プロスポーツ選手の給料はうらやましいほど高い。このような金銭報酬は私たちのやる気を引き出す。では，報酬は運動パフォーマンスの向上につながるのか？

　Pessiglione らは，金銭報酬が運動出力に与える影響を調べた[2]。その実験では，参加者にグリップを手で握る課題を行わせ，実際に運動を開始する前に，金銭報酬に関する視覚刺激をサブリミナル刺激（**意識**的には認識できないほどの短い時間の刺激）として与えた[2]。その結果，大きい金額の刺激が提示されたときほど，参加者がグリップを握る力が強くなっていた。

　また，Sugawara らは，ほめるという社会的な報酬が運動パフォーマンスを向上させるか検討した[3]。その実験の参加者は，非利き手の指先を用いて，キーボードの四つのキーを定められた順序でできるだけ早くかつ正確に押せるよう

に練習した。その練習後，運動パフォーマンスをほめる評価者の映像を参加者に見せた。このとき，参加者グループの一つには，参加者自身がほめられていると説明した。二つ目のグループには同じ映像を見せたが，他人のパフォーマンスがほめられていると説明した。三つ目のグループには，その映像を見せなかった。翌日，練習した動作の定着度を調べたところ，参加者自身のパフォーマンスをほめられたグループは他のグループに比べて定着度が高かった。

　以上のように，報酬が運動パフォーマンスを向上させることが示されている。

12.2　"報酬"，"やる気"と側坐核

　報酬は，私たち生物が欲求（食欲，達成感など）を満たすために行動する動機付け，つまり"やる気"の生成に関与する。やる気を生み出すことには**側坐核**と呼ばれる脳部位が関与していることが知られている。

　側坐核は大脳の深くに，左右対称に一つずつ存在し，報酬や報酬を**予測**させるような出来事（報酬に関連した視覚刺激，聴覚刺激など）に対して反応を示す[4]。側坐核は金銭報酬だけでなく，ほめられることなど人とのポジティブな関わりによる社会的報酬に対しても同様に活動する[5]（**図 12.1**）。

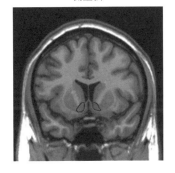

側坐核

金銭報酬

社会的報酬

図12.1　報酬に反応する側坐核：側坐核は報酬（金銭，好物）や社会的報酬に対して反応を示す部位である[4),5)]。

しかし，無気力などを症状とする**うつ病**患者の側坐核は，報酬や報酬を予測させるような刺激に対して感受性が低い[6]。そのうつ病の治療目的で側坐核に電極を埋め込み，電気刺激を継続的に与えることによって，うつ症状が改善し，なにかをしたいという気力が生まれたとする症例報告もある[7]。

Aberman と Salamone は，側坐核の神経活動を操作し，運動行為への影響を検討した[8]。この実験では，ネズミにレバー押しの運動課題を学習させた。ネズミが餌をもらうためにレバー押しを 1 回，4 回，16 回あるいは 64 回しなければならない条件が設けられた。側坐核での**ドーパミン**取り込み作用を薬理的に遮断すると，餌をもらうために努力が必要な 16 回と 64 回の条件では，ネズミがレバー押し課題に挑戦しなくなった。つまり側坐核の機能を阻害すると報酬を得るために頑張ろうとする意欲が削がれるようである。

12.3 "側坐核"と運動機能回復

運動麻痺の症状がある患者の多くがうつ症状を併発しており，それが運動機能回復の阻害因子となっている。リハビリテーションの臨床現場では，患者のやる気を引き上げることが，患者の残っている機能を最大限に引き出すために有効であるといわれている[9]。しかし，その科学的根拠は不明であった。

筆者らの研究グループは，**脊髄損傷**後に約 1 か月で機能回復する脊髄損傷のモデルのサルを用いて，指先の巧緻運動の回復過程における脳活動を**陽電子断層撮影法（PET）**にて計測した[10),11]。

すると，機能損傷後には，脊髄損傷前の健常時には観られなかった側坐核の活動が生じていた。さらに，脊髄損傷後の回復過程において，この側坐核と**運動野**の活動がともに高まっていた。この結果によって，脊髄損傷後の運動機能回復においてやる気に関わる側坐核と運動制御に関わる運動野とを繋ぐ神経ネットワークが機能回復に関与している可能性が示唆された。

そこで，筆者らは，側坐核─運動野─機能回復の三つの因果関係を検証するために，側坐核と運動野の神経活動を電気生理学的に記録し，情報の流れの向きを検討した（**図 12.2**）[1]。

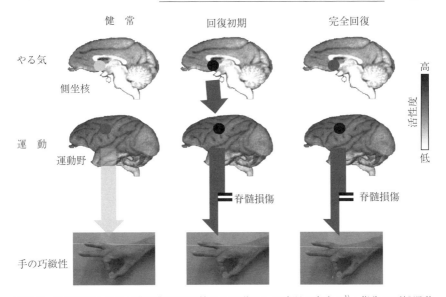

図12.2　脊髄損傷からの回復初期に側坐核から運動野への連関が高まる[1]：指先の巧緻運動中の側坐核の電気的脳活動と運動野の電気的脳活動との因果性を統計学的手法で解析した結果，脊髄損傷後の回復初期において側坐核から運動野への有意な情報の流れが生じていたが，これは健常時と完全回復時には認められなかった。

その結果，脊髄損傷後機能回復初期には，損傷前には観られなかった側坐核から運動野への情報の流れが認められた（図12.2「健常」→「回復初期」）。そして，手の機能が完全に回復した段階では，側坐核から運動野への情報の流れは認められなくなった（図12.2「完全回復」）。

さらに，側坐核を薬理的に不活性化させると，側坐核から運動野への情報の流れが認められていた回復初期では，運動野の神経活動が減弱した。それに伴い，リハビリテーションにより回復し始めていた指の動きが再び一時的に悪化した（**図 12.3**（ a ））。一方で，側坐核から運動野への情報の流れが認められていなかった脊髄損傷前と完全回復した時期では，側坐核の薬理的不活性化の影響は観られなかった（図12.3（ b ））。これにより，脊髄損傷後の回復初期に観られた側坐核から運動野への情報の流れが，運動野の活動とそれに伴う手指の動きの促進に寄与していることが，薬理的因果検証をもって確証された。

（a）   （b）

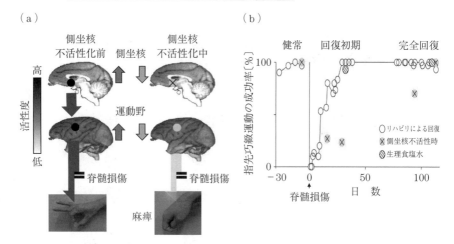

図12.3 脊髄損傷回復初期には側坐核が運動野の活動を作り運動を生み出す[1]：（a）機能回復初期に起こる側坐核から運動野への情報の流れの原因を解明するために，側坐核を薬理的に不活性化させた。それにより，脊髄損傷後の回復初期の運動野の神経活動が減弱し，指の動きも悪化した。（b）脊髄損傷からの回復曲線。側坐核を薬理的に不活性化すると回復初期では指の運動が悪化したが，健常時と完全回復後では運動の悪化は起こらなかった。また，統制条件として神経遮断薬の替わりに生理食塩水を投与しても，回復初期の指の運動の悪化は生じなかった。

　上記の成果は，脊髄損傷後早期の段階で運動麻痺の症状が重く，運動を実行するにあたって大変な努力が必要となる状況において，側坐核が運動野を活性化し，手指の巧緻運動の制御を促していることを明らかにした。これにより，やる気を引き出す側坐核がリハビリテーションにおいて重要であることが神経科学的に証明された。

12.4 おわりに：日常での "やる気" と "側坐核"

　本トピックでは，"やる気" が運動機能回復のためのリハビリテーションにおいて，なぜ重要視されるのかを，その神経メカニズムから展望した。リハビリテーションだけではなく，私たちの日常生活においてもスポーツや勉強の成績アップを支えているのは，"やる気" を生み出している "側坐核" であるかもしれない。

引 用 文 献

1) Sawada, M., Kato, K., Kunieda, T., Mikuni, N., Miyamoto, S., Onoe, H., ... Nishimura, Y. (2015). Function of the nucleus accumbens in motor control during recovery after spinal cord injury. *Science, 350,* 98–101.

2) Pessiglione, M., Schmidt, L., Draganski, B., Kalisch, R., Lau, H., Dolan, R. J., & Frith, C. D. (2007). How the brain translates money into force ： A neuroimaging study of subliminal motivation. *Science, 316,* 904–906.

3) Sugawara, S. K., Tanaka, S., Okazaki, S., Watanabe, K., & Sadato, N. (2012). Social reward enhance offline improvements in motor skill. *PLOS ONE, 7,* e48174.

4) Schultz, W., Apicella, P., Scarnati, E., & Ljungberg, T. (1992). Neuronal activity in monkey ventral striatum related to the expectation of reward. *The Journal of Neuroscience, 12,* 4595–4610.

5) Izuma, K., Saito, D. N., & Sadato, N. (2008). Processing of social and monetary rewards in the human striatum. *Neuron, 58,* 284–294.

6) Epstein, J., Pan, H., Kocsis, J. H., Yang, Y., Butler, T., Chusid, J., ... Silbersweig, D. A. (2006). Lack of ventral striatum responses to positive stimuli in depressed versus normal subjects. *The American Journal of Psychiatry, 163,* 1784–1790.

7) Schlaepfer, T. E., Cohen, M. X., Frick, C., Kosel, M., Brodesser, D., Axmacher, N., ... Sturm, V. (2008). Deep brain stimulation to reward circuitry alleviates anhedonia in refractory major depression. *Neuropsychopharmacology, 33,* 368–377.

8) Aberman, J. E., & Salamone, J. D. (1999). Nucleus accumbens dopamine depletions make rats more sensitive to high ratio requirements but do not impair primary food reinforcement. *Neuroscience, 92,* 545–552.

9) Saxena, S. K., Ng, T–P., Koh, G., Yong, D., & Fong, N. P. (2007). Is improvement in impaired cognition and depressive symptoms in post–stroke patients associated with recovery in activities of daily living? *Acta Neurologica Scandinavica, 115,* 339–346.

10) Nishimura, Y., Onoe, H., Morichika, Y., Perfiliev, S., Tsukada, H., & Isa, T. (2007). Time–dependent central compensatory mechanisms of finger dexterity after spinal cord injury. *Science, 318,* 1150–1155.

11) Nishimura, Y., Onoe, H., Onoe, K., Morichika, Y., Tsukada, H., & Isa, T. (2011). Neural substrate for the motivational regulation of motor recovery after spinal–cord injury. *PLoS ONE, 6,* e24854.

しっぺ返しの応酬はエスカレートする
― 自身の行為の結果を過小評価する脳 ―

（阿部 匡樹）

じゃれあっているうちに，たがいをたたく力がどんどんエスカレートし，最後には取っ組み合いの大ゲンカ ― このような「しっぺ返しの応酬がエスカレートする」状況（**図 13.1**）は，子供どうしに限らず，大人間のいざこざでもしばしば見られる。"An eye for an eye"（目には目を）というハンムラビ法典の有名な一節も，倍返しのような過度の報復を防ぐのが本来の趣旨であったといわれている。どうも私たちは，とかく過剰にしっぺ返しをする傾向があるようだ。Wolpert らの研究グループは，この過剰なしっぺ返しの傾向を，神経科学的に理解しようと試みた。その成果の一つが，2003 年の Science 誌に掲載された論文 "Two eyes for an eye：The neuroscience of force escalation"（「倍返し：力のエスカレーションの神経科学」）である[1]。

図 13.1 しっぺ返しの応酬はエスカレートしがち

13.1 予測がもたらす感覚減弱

Wolpert らは，1990 年代より一貫して運動制御における**予測**メカニズムの重要性を主張している[2]。その主張によれば，私たちの脳の中では，**運動指令**となる神経信号に対して自分の身体がどのように動くかをシミュレートするた

めの**内部モデル**（トピック 6，図 6.2 参照）が日々の経験や学習を通じて形成されている[3]。脳はその内部モデルを用いて，自身の運動行為が引き起こす感覚信号をつねに予測し，その予測された信号と実際の感覚信号を比べることで，自己および外部環境の状態を確認している。もし，実際の感覚信号が予測と一致していれば，それは自己の運動が予定通り行われたことを意味する。しかし，それら二つの信号の間に差異があれば，その差は自身の運動出力以外のもの — 外部環境からのなんらかの影響（物体や他者の力が加わる，など）に由来する感覚信号ということになる。

　そして，脳はこの予測に基づき，自身の運動行為に由来する感覚信号を選択的に弱める（**感覚減弱**）[4]。自分でくすぐってもくすぐったくないのはその好例である（トピック 6 参照）。この感覚減弱によって自身の運動行為に由来する感覚信号の強度を抑えることで，相対的に外部由来の感覚信号を際立たせ，外部環境の出来事をより鋭敏に捉えることが可能になる。

　Wolpert らは，この予測に伴う感覚減弱こそが，しっぺ返しの応酬における力のエスカレーションの核心ではないかと考えた。つまり，私たちはしっぺ返しのための自身の運動出力を感覚減弱によって過小評価してしまうため，相手にたたかれたのと同じ強さでたたき返すつもりでも，実際にはより強めに力を発揮してしまう。もしこの仮説が正しければ，復讐のような怒りの**感情**が生じない状況下で，「同じ力でたたき返す」ことのみを心がけたとしても，力のエスカレーションは必然的に生じるはずだ。

13.2　力のエスカレーションに関する実験的検証

　そこで Wolpert らは，ただ同じ力を返そうとするだけで本当に力のエスカレーションが生じるか否かを検証するため，つぎのような実験を行った（**図13.2**（a））。

　実験の参加者は二人組となり，まずそのうちの一人（参加者 A）が左手の人差し指で支えるレバーに，小型のトルクモータから 0.25 N の力が加えられた。続いて，参加者 A は自身の右手の人差し指を用い，先ほどレバーに押さ

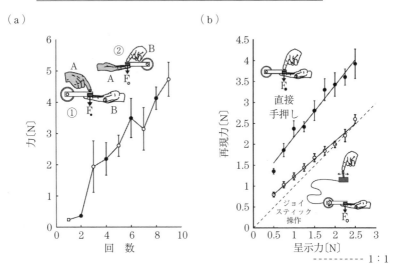

図 13.2　力のエスカレーションに関する実験的検証：(a) 二人組による力（F$_\bullet$, F$_\circ$）のエスカレーション。(b) 直接手押しとジョイスティック操作による呈示力再現課題の結果比較。（許諾を得て，引用文献[1]より転載。©2003, American Association for the Advancement of Science）

れたのと同じ強さで，パートナー（参加者 B）の左人差し指を押した（①，図 13.2（a）の●）。さらに，参加者 B は，パートナー（参加者 A）に押されたのと同じ強さで，パートナー（参加者 A）の左人差し指を自身の右人差し指で押し返した（②，図 13.2（a）の○）。それ以降も，参加者 A と B は「パートナーに押されたのと同じ強さで」押し返すことを交互に繰り返した。なお，その課題の指示は参加者それぞれに行われたため，パートナーの意図はたがいに認識していない。

　もし，二人の参加者が，実験者の指示通りまったく同じ力を「しっぺ返し」していれば，このやりとりを何回繰り返しても力は増大しないはずである。しかし，参加者がパートナーに対して押し返す力は，押す順が進むたびに上昇し，8 回目の応酬時には最初の力の 20 倍近い強さになった（図 13.2（a））。

　この実験結果により，参加者の間に感情のもつれが想定されず，たがいに平等を期した条件下でも，しっぺ返しの応酬による力のエスカレーションが生じ

ることが証明された。

13.3　力のエスカレーションは予測により生じる

さらに，図 13.2（a）の実験で明示された力のエスカレーションが予測によって生じていることを証明するため，Wolpert らはつぎのような実験を追加した（図 13.2（b））。

この実験では，参加者は左人差し指に 0.5〜2.5 N の力を受け，そのとき感じた力をつぎの二つの方法で再現した。一つは，上述の実験同様，自身の右人差し指で直接レバーを押す方法（図 13.2（b）の「直接手押し」），もう一つは，ジョイスティック操作により間接的に力を再現する方法であった（図 13.2（b）の「ジョイスティック操作」）。後者の方法は，ジョイスティックのような機器の操作が加わると予測メカニズムがうまく機能しなくなるという研究知見[5]を利用したものである。すなわち，力のエスカレーションが予測によって生じているという仮説が正しければ，この方法では感覚減弱が生じないはずだ。

実験の結果，直接手押し法での再現力の値（図 13.2（b）の●）は，モータから与えられた力（呈示力）を正確に再現できた場合の値（図 13.2（b）の点線）を大きく超過していた。すなわち，参加者は，呈示力に対して過剰に大きな力を再現した。これは，参加者が自分で押した力を過小評価し，必要以上に大きな力を発揮していたためと考えられる。この過剰に大きな力の再現が，上述の実験のように二人の間で繰り返されたなら，図 13.2（a）のような力のエスカレーションは自ずと生じる。

一方，ジョイスティック操作では，上記のような過剰な再現力は観測されず，呈示力と再現力がほぼ一致していた（図 13.2（b）の○）。ジョイスティック操作のほうが正確に呈示力を再現できたという一見意外なこの結果は，予測メカニズムがうまく機能しない状況では感覚減弱が生じないことを如実に表している。

以上の一連の実験結果から，Wolpert らは「しっぺ返しの応酬における力のエスカレーションは，予測に伴い生じる感覚減弱に起因する」と結論づけた。

13.4 統合失調症患者における予測メカニズム

　感覚減弱を引き起こす予測メカニズムは，自身の運動行為に由来する感覚信号と外部由来の感覚信号を識別するために重要な役割を果たすが，このメカニズムが機能しないと，自己由来の感覚信号を外部に由来するものと捉えてしまう状況が生じうる。このような状況は，**統合失調症**の患者にみられる，**させられ体験**の症状に合致する[6]。同様に，**幻聴**も，「頭の中でつぶやいた独り言をあたかも別人のささやきのように感じてしまう現象」として解釈できる[7]。

　もし統合失調症患者の症状が予測メカニズムの機能不全と関連しているのであれば，感覚減弱も十分には生じないであろう。この仮説を検証するため，Shergill を筆頭とする研究グループは，20 組の統合失調症患者ペアおよび同数の健常者ペアの二群を対象に，図 13.2（ｂ）と同様の実験を行った[8]。

　すると，ジョイスティック操作（◆◇）では，両群ともに過剰な再現力は観測されなかった。すなわち，予測がうまく機能しない状況下では，両群ともに感覚減弱が生じなかった。一方，直接手押し（●○）では，統合失調症患者群（●）においても呈示力よりも大きな再現力が観測されたものの，その強度は健常者群（○）の半分程度でしかなかった（**図 13.3**）。つまり，統合失調症患者では，予測に伴う感覚減弱が十分には生じていなかったものと考えられる。

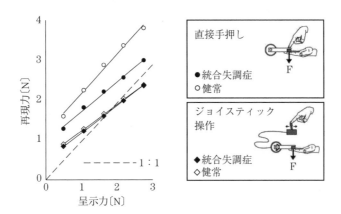

図 13.3　統合失調症患者による呈示力再現課題の結果（許諾を得て，引用文献[8]より転載。©2005, American Psychiatric Association Publishing）

　以上の実験結果は，しっぺ返しの応酬にみられる力のエスカレーションが，自己と外部（他者）の識別に関わる健常な脳機能の表れであることを物語っている。そう考えれば，相手から過剰な仕返しを受けたときも，「脳とは本来そういうものなのだ」と冷静にその仕打ちを受け止められるかもしれない。

13.5　おわりに：私たちの日常に潜む予測メカニズム

　しっぺ返しの応酬におけるエスカレーション，あまり感じない自分くすぐり，統合失調症における幻覚——本トピックでは，これらの一見まったく脈絡のない話題が，「予測」という共通の神経系メカニズムで結び付いた。私たちの日常には，このような予測メカニズムで説明されうる事象がまだまだ隠されているはずだ。このトピックを通じて，そんな私たちの日常に潜む神経科学への興味をさらに深めて頂ければ幸いである。

引 用 文 献

1) Shergill, S. S., Bays, P. M., Frith, C. D., & Wolpert, D. M. (2003). Two eyes for an eye : The neuroscience of force escalation. *Science, 301*, 187.

2) Wolpert, D. M., & Ghahramani, Z. (2000). Computational principles of movement neuroscience. *Nature Neuroscience, 3*, 1212–1217.

3) Miall, R. C., & Wolpert, D. M. (1996). Forward models for physiological motor control. *Neural Networks, 9*, 1265–1279.

4) Blakemore, S. J., Wolpert, D. M., & Frith, C. D. (1998). Central cancellation of self–produced tickle sensation. *Nature Neuroscience, 1*, 635–640.

5) Blakemore, S. J., Goodbody, S. J., & Wolpert, D. M. (1998). Predicting the consequences of our own actions : The role of sensorimotor context estimation. *The Journal of Neuroscience, 18*, 7511–7518.

6) Frith, C. D., Blakemore, S., & Wolpert, D. M. (2000). Explaining the symptoms of schizophrenia : Abnormalities in the awareness of action. *Brain Research Reviews, 31*, 357–363.

7) Shergill, S. S., Brammer, M. J., Williams, S. C., Murray, R. M., & McGuire, P. K. (2000). Mapping auditory hallucinations in schizophrenia using functional magnetic resonance imaging. *Archives of General Psychiatry, 57*, 1033–1038.

8) Shergill, S. S., Samson, G., Bays, P. M., Frith, C. D., & Wolpert, D. M. (2005). Evidence for sensory prediction deficits in schizophrenia. *The American Journal of Psychiatry, 162*, 2384–2386.

読みづらい文字のほうが憶えやすい
― ちょっと意外な記憶の仕組み ―

(小野 史典)

書店で複数の参考書から自分が購入する参考書を選ぶ際に，ページ数やイラストの見やすさのほかに，文字の読みやすさを考慮に入れて選んだことはないだろうか。例えば，目の前に 2 冊の参考書があり，一方はなじみのある，読みやすいフォントで書かれており，もう一方はなじみのない，読みにくいフォントで書かれていた場合，あなたはどちらの参考書を購入するだろうか。多くの人はなじみのある，読みやすいフォントで書かれた参考書を購入するだろう。もちろん，文字の読みやすさは読む時間の短縮につながるため，合理的な選択といえる。しかし，こと**記憶**に関していえば，文字の読みやすさは必ずしも記憶のしやすさにはつながらないかもしれない。

Diemand–Yauman らの研究グループは，文字の読みやすさと記憶成績の関係について，実験により解明しようと試みた[1]。その成果が，2011 年の Cognition 誌に掲載された論文 "Fortune favors the bold (and the italicized)：Effects of disfluency on educational outcomes"（「幸運はイタリック体とボールド体に味方する：教育成果に与える非流暢性の影響」）である。

14.1 文字の読みやすさと記憶成績の関係の実験的検証

記憶実験を行う際，既存の問題や刺激を用いると，参加者ごとの既有知識が異なってしまうため，Diemand–Yauman らは，参加者が記憶する刺激として，架空の地球外生命体とその特徴を作成した[1]。つぎに，それらの特徴を，読みやすいフォント（フォント：**Arial**，文字サイズ：16 ポイント，文字色：ブラック）（**図 14.1**（a）），もしくは読みにくいフォント（フォント：*Comic Sans MS* または *Bodoni MT*，文字サイズ：12 ポイント，文字色：グレー）（図 14.1（b））で書いた。参加者はどちらか一方のフォントで書かれた地球外生命体に関する情報のリストを 90 秒間でなるべく多く記憶し，15 分後にテストが行われた。その結果，地球外生命体についての情報を「読みやすいフォント」で与

（a）

> # The norgletti
> ・ Two feet tall
> ・ Eats flower petals and pollen
> ・ Has brown eyes

（b）

> *The pangerish*
> *・ Ten feet tall*
> *・ Eats green, leafy vegetables*
> *・ Has blue eyes*

図 14.1　（a）読みやすいフォント（**Arial**）で書かれた地球外生命体の情報。（b）読みにくいフォント（*Comic Sans MS*）で書かれた地球外生命体の情報。

えられた参加者の正答率は平均 72.8% だったのに対し，「読みにくいフォント」で与えられた参加者の正答率は平均 86.5% であった。すなわち，読みにくいフォントで読んだ参加者のほうが正確に記憶していたのである。

14.2　教室場面における文字の読みやすさと記憶成績の関係の検証

　前述の実験では，読みにくいフォントで書かれたほうが正確に記憶されるという結果が得られたが，この実験は学習からテストまで 15 分間しか空いておらず，しかも学習者は実験に協力するために実験室まで来た，比較的意欲の高い人を用いて得られた結果である。しかし，実際の教室場面では，学習からテストまで数日〜数か月空くことがあり，しかも学習者の中には意欲の低い人も少なからずいるものである。そこで，Diemand–Yauman ら[1]はオハイオ州のある高校の協力を得て，実際の教室場面で文字の読みやすさと記憶成績の関係の検証を試みた。彼らは，さまざまな科目や学年で用いている教材（パワーポ

イントのスライド，ワークシート）をあらかじめ教師から受け取り，それらを読みやすいフォント（これまで使っていた教材と同じフォント），もしくは読みにくいフォント（**Haettenschweiler**, *Monotype Corsiva*, **Comic Sans** のいずれか）で作成し直した（**図 14.2**）。この間，実験者の意図や仮説が，教員や学生に伝わるのを防ぐために，実験者は教師や学生と直接会うことはしなかった（**二重盲検法**）。

（a）

> **Effects of disfluency on educational outcomes**

（b）

> *Effects of disfluency on educational outcomes*

（c）

> *Effects of disfluency on educational outcomes*

図 14.2　（a）読みにくいフォント（**Haettenschweiler**）で書かれた文字の例。
（b）読みにくいフォント（*Monotype Corsiva*）で書かれた文字の例。
（c）読みにくいフォント（イタリックの **Comic Sans**）で書かれた文字の例。

約 10 日〜1 か月の学習期間の後に，それぞれの教科でテストを行ったところ，「読みにくいフォント」で学習した生徒のほうが「読みやすいフォント」で学習した学生よりも，テストの成績が良かったのである。この結果は，実際の教室場面においても，読みにくいフォントで学習したほうが，記憶が正確であるということを示している。

　どうしてこのようなことが起こるのだろうか。これには「処理水準効果」が大きな要因の一つとして考えられている。処理水準効果とは，文字認識のような表層的な処理よりも深い水準にある意味的処理を受けた刺激ほど記憶の成績が高くなる現象である[2]。Diemand–Yauman らは，実験参加者が文字が読みにくいために単語を学習できているかどうか自信がなくなった結果，入念な処理方略を取るようになり，この方略によって単語は意味的な水準まで深く処理

され，記憶に強く残ったと説明している。

14.3　文字の大きさと記憶成績の関係の実験的検証

　ここまで紹介した研究[1]では，文字の読みやすさと記憶成績に関しては，読みにくいフォントのほうが記憶しやすい，という結果を紹介してきた。それでは文字の大きさはどうだろう。例えば，目の前に二つの単語があるとする。一つは大きな文字で書かれており，もう一つは小さな文字で書かれている場合，どちらが記憶しやすいと思うだろう？　多くの人は大きな文字で書かれた単語のほうが記憶しやすいと思うだろう。

　Kornell ら[3]は，文字の大きさと記憶成績の**メタ認知**の関係を実験により調べた。メタ認知とは，人間が自分自身の**思考**や行動を，客観的に把握し認識することである。実験では，単語（36 語）を 2 種類の大きさで提示した（半数は 64 ポイント（**図 14.3**（a）），残り半数は 16 ポイント（図 14.3（b）））。参加者は，提示された単語を後から思い出せる自信の度合いを最大 100 として，自らの記憶を評価した。すべての単語が提示された後に，参加者は提示された単語をできるだけ多く思い出し回答した（**再生法**）。実験の結果，やはり，メタ認知（自らの記憶の評価）においては，大きな文字の単語のほうが小さな文字の単語よりも，思い出せる自信の度合いが高かった。しかしながら，実際の記憶成績では，大きな文字の単語と小さな文字の単語に有意な差は認められず，文字の大きさと記憶成績との間には関係がないことが明らかになった。この結果は，文字の大きさは記憶成績に影響するという私たちの直感的信念が誤りであったことを示している。

　さらに，Kornell ら[3]は文字の提示回数と記憶成績の関係を調べる実験を行った。具体的には，単語（36 語）の半数は 2 回提示とし，残り半数は 1 回提示とした。実験の結果，メタ認知においては，2 回提示の単語のほうが 1 回提示の単語よりも思い出せる自信の度合いが高かったが，その差はわずかであった。それに対し，実際の記憶成績では，2 回提示の単語のほうが 1 回提示の単語よりも成績が高かった。この結果は，私たちが記憶に関して，文字の提示回

（a）

（b）

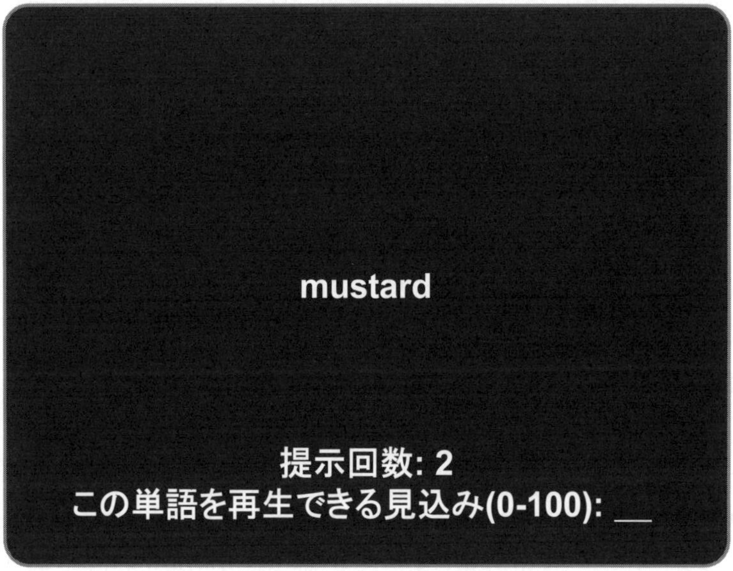

図 14.3 （a）大きな文字（64 ポイント）で書かれた単語の例。（b）小さな文字（16 ポイント）で書かれた単語の例。

数の効果を過小評価していることを示している。

14.4　おわりに：日常生活における記憶研究の活用

メタ認知とは，自らの能力を客観的に把握し認識することであり，「自らの**認知**を認知すること」ということもできる。子どもが学習をする際に「ここはわかるけど，あそこがわからない」というように，自らの能力や理解度を客観的に捉えることで，いまの自分になにが必要なのかを考えることができる。そのため，近年，このメタ認知が子どもの認知発達において非常に重要な観点であると注目されている。しかし，大人であっても，必ずしも自分自身の能力を正しく認識できているわけではない。本トピックで述べてきたように，記憶に関しては直観に反する事例が多い。

読みやすく大きな文字のほうが，読みにくく小さな文字よりも記憶しやすい，といった誤った直観は多くの人が持っているだろう。この誤った直観をもとに多くの教材が作られ，子どもに教育が行われているとしたら，とても非効率的である。本トピックで紹介した研究成果を生かして，教材のフォントや文字の大きさや反復頻度を操作することにより，現在のカリキュラムなどを一切変えることなく，教材の処理水準を深め，学習効果を向上させることができるかもしれない。

引　用　文　献

1 ）Diemand–Yauman, C., Oppenheimer, D. M., & Vaughan, E. B.（2011）. Fortune favors the bold（and the italicized）：Effects of disfluency on educational outcomes. *Cognition, 118*, 111–115.

2 ）Craik, F., & Lockhart, R. S.（1972）. Levels of processing：A framework for memory research. *Journal of Verbal Learning and Verbal Behavior, 11*, 671–684.

3 ）Kornell, N., Rhodes, M. G., Castel, A. D., & Tauber, S. K.（2011）. The ease–of–processing heuristic and the stability bias：Dissociating memory, memory beliefs, and memory judgments. *Psychological Science, 22*, 787–794.

限定品ゲット！
― 消費者心理に働く希少性の原理 ―

(有賀 敦紀)

　昭和62年に製造された50円硬貨は約1万円で取り引きされる。この年の50円硬貨の発行枚数は極端に少なく，市場に流通しなかったことがその理由である。このように私たちは入手が困難なもの，すなわちレアな対象の価値を高く見積もったり，それを手に入れること自体に価値を見出したりする。このことは**希少性の原理**と呼ばれる。

　希少性は対象の入手になんらかの制約がある状態として定義される[1]。制約がある状態とは例えば，対象の供給量や供給者の数が制限されている状態，対象の獲得や保有が制限されている状態などが挙げられる。デパートでよく目にする「地域限定」，「季節限定」，「数量限定」，「初回限定特典」などの宣伝文句は，希少性の原理を利用したセールスプロモーションである。

　これまでの研究では，スーパーマーケットで同じ商品を扱っているにもかかわらず，「一人当たり〇個限定」と制限を加えた場合のほうが制限を加えない場合よりも売り上げは高くなることが明らかにされた[2]。また，レストランで「本日限定のサービス」と制限を加えた文言のほうが，「年中のサービス」と制限を加えない文言よりも売り上げを高める効果があることも報告されている[3]。さらに，任天堂が発売したGAMEBOYのカートリッジやソニーが発売したPlayStation 2は，企業が生産数をあえて抑えるという戦略をとったために，話題性や消費者の購買意欲に火を付けたともいわれている[4],[5]。このように，対象の希少性は日常的に操作され，私たち消費者の購買意欲を駆り立てる大きな要因となっている。

15.1 希少性の原理を示した心理実験

　希少性の原理を明らかにした最初の心理実験として，Worchelらによって行われたユニークな研究がある[6]。実験の参加者は容器に入ったクッキーを味見して，その好ましさを評価するよう依頼された。最初，参加者の目の前の容器Aには10枚のクッキーが入っていたが，その後実験室に別の実験者（以降，来訪者）が入室して，以下のようなやり取りが行われた。

　まず減少条件では，来訪者は「クッキーの容器を間違えて配置した」と説明して，持っていた容器 B と参加者の目の前にあった容器 A を交換した。容器 B には 2 枚のクッキーが入っていたため，この条件では参加者の目の前で 8 枚のクッキーが減少したことになる。つぎに多数条件では，来訪者は「クッキーの枚数が足りているかを確認しに来た」と説明して，10 枚のクッキーが入った容器 A がそのまま残された。最後に少数条件では，2 枚のクッキーが入った容器 B が最初から参加者の目の前に置かれ，多数条件と同様に来訪者が枚数を確認した後，それが最後まで残された。

　以上のいずれかのやり取りの後，参加者は容器（多数条件では容器 A，減少条件と少数条件では容器 B）からクッキーを取り出して味見をして，その好ましさを評価した。その結果，すべての参加者が同じクッキーを味見したにもかかわらず，好ましさの評価値は減少条件と少数条件において多数条件よりも高かった。この結果から，対象の供給が少ない状態（少数状態）や供給が少なくなったという時間的変化（減少的変化）が，魅力を増大させる要因になることが明らかにされた。

15.2　希少性の原理が成立する基本的条件

　以上のように，Worchel らの実験によって希少性の原理が私たちの好ましさの判断に作用していることが明らかとなったが，有賀らはこの研究を発展させ，供給の少数状態と減少的変化のどちらが希少性の原理により強く寄与しうるのかを調べた[7]。具体的には，白色のプレーン味のクッキーと黒色のチョコレート味のクッキーを用いて，各色のクッキーの少数状態と減少的変化を独立に操作した。

　まず，白減少条件の参加者の目の前には，白色のクッキーが 9 枚と黒色のクッキーが 1 枚入った容器 A が置かれた（**図 15.1**（ a ））。その後，実験者は参加者に対して「用意する容器を間違えた」といって，隠しておいた容器 B と容器 A を交換した。容器 B には白色のクッキーが 4 枚と黒色のクッキーが 1 枚入っていたため，この条件では参加者の目の前で白色のクッキーのみが 5

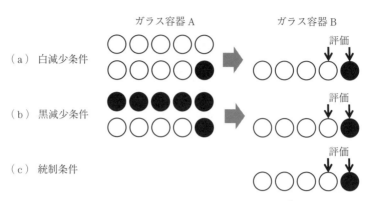

図15.1 条件ごとのクッキーの操作（許諾を得て引用文献[7]より転載。©2013，日本消費者行動研究学会）

枚減少したことになる。つぎに黒減少条件の参加者の目の前には，白色のクッキーが4枚と黒色のクッキーが6枚入った容器Aが置かれた（図15.1（b））。その後，容器Aと容器Bが同様に交換された。容器Bにはやはり白色のクッキーが4枚と黒色のクッキーが1枚入っていたため，この条件では参加者の目の前で黒色のクッキーのみが5枚減少したことになる。最後に統制条件では，白色のクッキーが4枚と黒色のクッキーが1枚入った容器Bが，最初から最後まで参加者の目の前に残された（図15.1（c））。

　以上のいずれかのやり取りの後，参加者は容器Bから白色のクッキーと黒色のクッキーを1枚ずつ取り出して味見をして，それぞれの好ましさを評価した。その結果，まず統制条件において白色と黒色のクッキーの好ましさの評定値に有意な差はなかった（**図15.2**）。実はこのように，希少性の原理について少数状態だけでは効果が安定して生じないことも報告されている[8]。しかし，白減少条件では白色のクッキーが黒色のクッキーよりも好ましいと評価され，黒減少条件では黒色のクッキーが白色のクッキーよりも好ましいと評価された。つまり，評価時のクッキーの枚数（少数状態）にかかわらず，直前に減少した色のクッキーが好ましいと評価された。この結果は，対象の減少的変化が希少性の原理をより頑強に成立させる条件であることを示している。

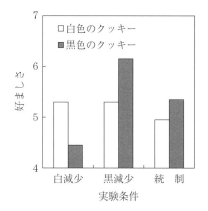

図 15.2　条件ごとのクッキーの魅力評価（許諾を得て引用文献[7]より
改変して転載。©2013，日本消費者行動研究学会）

15.3　希少性の原理が成立する社会的条件

　これまでの研究では，参加者は個別に実験に参加した。しかし，日常におけ
る私たちの製品評価や購買行動は，多くの場合一人ではなく，他者が存在する
場面で行われる。他者が存在すれば当然，その対象にどれほどの需要があるの
か，その対象は需要に対してどの程度供給されているのか，すなわちその対象
がどれほど希少なのかを私たちは知ることができる。そのため，他者の存在は
希少性の原理に影響を与える要因になると予測される。そこで Ariga らはよ
り日常に即した場面を想定し，他者の存在が希少性の原理に与える影響を調べ
た[9]。

　この研究では，これまでのような容器の交換は行われず，最初から最後まで
容器の中には黒色のクッキーが9枚と白色のクッキーが1枚入っていた。二人
条件では，参加者は二人一組（実際には参加者 X とサクラ Y）で実験課題を
行った。実験者は X と Y に容器を呈示し，指示されたクッキーの味見をして
その好ましさを評価すること，X から先に課題を行ってその間 Y は待機する
ことを指示した。その後，X に白色のクッキーと黒色のクッキーを1枚ずつ味
見させ，それぞれの好ましさを評価させた。つまり，X は Y の前で唯一の白

色のクッキーを味見することができた。統制条件では，これまでの研究と同様，参加者は一人で実験課題を行った。

その結果，この実験でも統制条件において白色と黒色のクッキーの好ましさの評価に有意な差はなかった。しかし，二人条件では，白色のクッキーが黒色のクッキーよりも好ましいと評価された。この結果は，他者が存在する場面では，対象の少数状態によっても希少性の原理は成立することを示している。

15.4 希少性の原理に関する説明理論

現在のところ，希少性の原理は基本的に対象の減少的変化によって成立すると考えられている。では，なぜ私たちは減少した対象に魅力を感じるのであろうか。これは，**心理的リアクタンス理論**を用いて説明することができる。この理論によれば，私たちは自由な選択が制限されたりはく奪されたりすると，自由を回復しようとする欲求を持つ[10]。希少なものはそれだけで選択の自由を奪うため，人間は希少なものを手に入れて自由を確保したいと考える。つまり，自由の回復という人間の基本的欲求に基づいて，希少性の原理は存在すると捉えることができる。

ただし，他者が存在する状況では，必ずしも対象の減少的変化は必要なく，対象の少数状態によって希少性の原理は成立する。人間は希少なものを手に入れることで，「他者が持っていないものを自分だけが持っている」，「自分は他者とは異なる」という感覚を持つことができる。つまり，他者の存在に基づく**独自性**の知覚が，希少性の原理を支えていると考えることができる[11]。

15.5 おわりに：日常における希少性の原理

本トピックでは，希少性がいかに対象の魅力を増大させるのかを紹介し，その影響がどのような状況で生じるのかについて解説した。対象の魅力は消費者の購買意欲と密接に関わっているため，希少性の原理が消費者心理・行動に与える影響は大きい。

本トピックで紹介した知見は，マーケティング実務における希少性の原理の

利用に対して科学的根拠を与える。例えば，昨今はネット通販やテレビショッピングの普及により，消費者が自宅で商品を吟味し，購入する機会が増加しつつある。ネット通販やテレビショッピングにおいても，消費者が商品の減少的変化や他者の存在を知覚することができる状況を日常的に作り出すことができれば，企業は希少性を効果的に訴求することができ，商品に新たな価値を付与することができるかもしれない。

引 用 文 献

1) Brock, T. C. (1968). Implications of commodity theory for value change. In A. G. Greenwald, T. C. Brock, & T. M. Ostrom (Eds.), *Psychological foundations of attitudes* (pp. 243–275). New York, NY：Academic Press.

2) Inman, J. J., Peter, A. C., & Raghubir, P. (1997). Framing the deal：The role of restrictions in accentuating deal value. *Journal of Consumer Research, 24*, 68–79.

3) Brannon, L. A., & Brock, T. C. (2001). Limiting time for responding enhances behavior corresponding to the merits of compliance appeals：Refutations of heuristic–cue theory in service and consumer settings. *Journal of Consumer Psychology, 10*, 135–146.

4) *Retailing Today* (2000). What's hot：Playstation 2. November 20, 27.

5) *The Wall Street Journal* (1989). Nintendo goes portable, stores goes gaga. October 4, 1.

6) Worchel, S., Lee, J., & Adewole, A. (1975). Effects of supply and demand on ratings of object value. *Journal of Personality and Social Psychology, 32*, 906–914.

7) 有賀 敦紀・井上 淳子 (2013). 商品の減少による希少性の操作が消費者の選好に与える影響　消費者行動研究, *20*, 1–12.

8) Mittone, L., Savadori, L., & Rumiati, R. (2005). Does scarcity matter in children's behavior?：A developmental perspective of the basic scarcity bias. *CEEL Working Paper*, No.1.

9) Ariga, A., & Inoue, A. (in press). How scarce objects attract people：Distinguishing the effects of temporal and social contexts on the scarcity principle. *Journal of Marketing Trends*.

10) Brehm, J. W., & Brehm, S. S. (1981). *Psychological reactance：A theory of freedom and control*. San Diego, CA：Academic Press.

11) Lynn, M. (1991). Scarcity effects on value：A quantitative review of the commodity theory literature. *Psychology & Marketing, 8*, 45–57.

"文殊の知恵" もパートナーしだい
― 集団的な知覚判断の最適統合の法則 ―

（阿部 匡樹）

　「三人寄れば文殊の知恵」ということわざに代表されるように，私たちは複数の人が集まって相談したほうが一人で考えたときよりも良い判断ができる，と素朴に考えがちである。しかし，相談して得られる解は本当に個々から得られた解よりも良い解なのだろうか？　もし，相談することによって「文殊の知恵」が生まれるのだとすれば，そこにはどのような仕組みがあるのだろうか？　この疑問に確率論的モデルと心理物理学的実験を用いて挑んだのが，Bahrami らの行った研究 "Optimally interacting minds"（「最適に相互作用するこころとこころ」）である[1]。

16.1　集団の意思決定は本当に個人の意思決定に勝るのか？

　二人以上の人間が議論を交わしてなんらかの判断を下す過程は，**集団的意思決定**と呼ばれる。「三人寄れば文殊の知恵」とは，集団的意思決定がその集団内の個々人の**意思決定**よりも優れていることを表すことわざであるが，これまでの研究では，多くの場合，集団的意思決定がその集団内で最も優れた個人の判断には及ばないという結果が示されている[2],[3]。

　一方，個人内に目を向けると，複数の感覚情報が寄れば文殊の"知覚"が生じることが報告されている。例えば，目の前にある物体の大きさは，目で見て（視覚），手で触って（触覚）確認できる。この物体の大きさ判断における視覚と触覚の精度の比を4：1だとしよう。確率論に従って，この精度比に応じた重みを付けて，視覚情報と触覚情報を最適統合すれば（0.8×視覚＋0.2×触覚，感覚精度を感覚ノイズの分散の逆数として算出），精度に優れる視覚のみで判断したときよりもさらに高い精度の判断が可能となる。実際，このような重み付けによる最適統合を人間の中枢神経系が行っていることが心理物理学的実験により示されている[4]。

　もし，個人間でも個々の判断の精度を正確に共有できるならば，集団的意思決定においても個人内の感覚間統合と同様の重み付けによって知覚判断の精度を向上させることが可能かもしれない。その場合，集団的意思決定の精度は，優れた個人の判断による精度を上回る。

16.2　集団的意思決定でも最適統合は起こるのか？

　前節で示したようなアイデアを検証するため，Bahrami らは二人組を対象として，つぎに説明するような心理物理学的実験を行った（**図 16.1**）。

図 16.1　二人組の参加者によるコントラスト判定の概要

　参加者は，順に呈示された二つの画像①，②のどちらにコントラストの強い刺激（オドボール刺激）が含まれていたかを判定した。二人の参加者は，まず個人ごとに判定を行い，二人の判定が異なった場合は共同判定を行った。この際，二人はどちらの判定が正しいかを口頭で納得のゆくまで議論した。その後，個人および共同判定の正否が二人の参加者にフィードバックされた。

　図 16.2（a）のグラフは，上述の実験から得られる**心理測定関数**の例である。横軸にはオドボール刺激が呈示された位置のコントラスト差（画像②−画像①），縦軸には参加者が画像②のほうにオドボール刺激があったと判定した割合が示されている。この心理測定関数の傾きは判定精度を表しており，その傾きが急なほど判定精度が高かったことを意味する。

　Bahrami らは，この心理測定関数から「共同／個人精度比」を算出した（共同判定の傾き／精度が高いほうの個人判定の傾き）。もし，共同判定のほうが

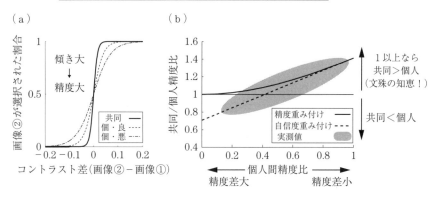

図 16.2　（a）コントラスト判定から得られる心理測定関数の例。横軸はオドボール刺激が
　呈示された箇所のコントラスト差（画像②−画像①），縦軸は参加者が画像②にオドボー
　ル刺激があったと判定した割合を示す。（b）共同判定のための二つの重み付けモデルに
　よる実験結果の予想（実線：精度重み付けモデル，点線：自信度重み付けモデル）。横軸（個
　人間精度比）は二人の個人判定時の精度比（精度の悪いほう／良いほう），縦軸（共同／
　個人精度比）は個人判定時（精度の良いほう）の精度に対する共同判定時の精度の比を示す。
　灰色の楕円は実測値の分布（実験1＋実験2）を表している。

個人判定よりも精度が高ければ，共同／個人精度比は1を超える。すなわち，
それは共同判定によって「文殊の知恵」が生じたことを意味する。

16.3　集団的意思決定における二つの重み付けモデル

　Bahrami らは，二人で意思決定を行うことにより「文殊の知恵」を生み出
す最適統合モデルの作業仮説として，実際の判定精度に基づく重み付けモデル
（以下「精度重み付けモデル」），自身の判定に対する確信度（自信度）に基づ
く重み付けモデル（以下「自信度重み付けモデル」）の二つを設定した。

　精度重み付けモデルは先述の個人内の感覚間統合のモデル[4]とまったく同じ
ルールに従って，より判定精度の高い参加者の意見が重用される。一方，自信
度重み付けモデルでは，より自信の強い参加者の意見が重用される。

　図 16.2（b）は二つのモデルから予想される共同／個人精度比を表したもの
で，横軸は二人の個人判定時の精度比（精度の悪いほう／良いほう：以下「個
人間精度比」）を示している。精度重み付けモデル（図 16.2（b）実線）がつ
ねに「文殊の知恵」（共同／個人精度比＞1）を生み出すのに対し，自信度重み

付けモデル（図 16.2（b）点線）では個人間精度比 0.4 以下のとき，すなわち二人の個人判定精度の差が大きいときは，共同 / 個人精度比が 1 未満となる。

なお，通常の条件下では個人間の判定精度の差が小さく，この比が 0.4 以下のデータを得るのは難しかった（実験 1）。そこで，Bahrami らは画像にノイズを付加し，二人のうちどちらか一方の判定精度を大幅に減少させることで，個人間精度比が 0.4 以下となるデータも取得した（実験 2）。そして，これらの実験データを合わせて，二つの重み付けモデルの妥当性を検証した。

16.4 「文殊の知恵」はパートナーしだい

図 16.2（b）の灰色の楕円は，上述の実験で得られた実測値の分布を表している。この分布に示されるように，共同 / 個人精度比は個人間精度比（図 16.2（b）横軸）が 0.4 以上のとき 1 以上となり，一方で個人間精度比が 0.4 以下のときは 1 未満となった。これは，自信度重み付けモデルの予想とよく一致している。

以上の実験結果により，私たちはたがいの自信度に基づいて共同判定の重み付けを行っていることが示された。つまり，私たちが共同判定を行うとき，二人の判定精度が近い場合は「文殊の知恵」を生み出せる一方で，二人の判定精度に大きな差がある場合は共同判定の精度が個人判定（良いほう）の精度を下回ってしまうのだ。「文殊の知恵」はパートナーしだい，というわけだ。

ただし，以上の実験では相談によってたがいの「自信度」をやりとりできただけでなく，判定の正否のフィードバックにより実際の判定精度も利用できた。もし本当に自信度重み付けモデルに基づいて合議が行われているとすれば，たがいの自信度のやりとりだけでも同様の結果が得られるはずだ。

そこで，Bahrami らはさらに二つの追加実験（実験 3, 4）を行った。これらの実験方法は実験 1 と基本的に同じだが，実験 3 では二人の個人判定が異なる場合でも相談はさせず，ランダムに選択された一方の参加者が最終的な判定を下し，その判定の正否が両方の参加者にフィードバックされた。一方，実験 4 では二人の間で相談が行われたが，最後の判定の正否のフィードバックは省かれた。つまり，それぞれの実験で活用可能な情報は，実験 3 では両者の判定

精度のみ，実験 4 では両者の自信度のみであった。

　直感的には，判定に対する正否のフィードバックがあった実験 3 のほうがた
がいの判定精度を把握でき，共同判定の効率も上がりそうだ。しかし，共同判
定で「文殊の知恵」が生じたのは，判定の正否を伝えられなかった実験 4 のほ
うだった。実験 3 では最終判定時の精度が個人判定精度を上回らなかったのに
対し，実験 4 では共同判定精度が個人判定精度よりも有意に大きくなり，自信
度重み付けモデルの予想値ともほぼ一致していたのだ。この結果は，自信度重
み付けモデルの妥当性を支持するとともに，相談を通じて相互の自信度を共有
することが私たちの集団的意思決定の核となることを改めて強調した。

16.5 メタ認知と平等バイアス

　自信度重み付けモデルが二人の判定の最適統合として機能するには，「自分
と相手のどちらの判定精度のほうが優れているのかをたがいに把握できてい
る」ことが前提となる。これはいわゆる**メタ認知**[5]に相当する。Bahrami らの
結果は，集団的意思決定で効果的な結論に至るためには，正しいメタ認知が不
可欠であることを示唆している。「判定精度は高いのに自信をもてない人」と
「判定精度の低い自信家」の組合せが悲惨な結果に至ることは想像に難くない。

　しかしながら，悲しいかな，私たちには能力が高いほど自分を過小評価し，
逆に能力が低いほど自分を過大評価するという傾向がある[6]。このような傾向
は**平等バイアス**と呼ばれる。つまり，人間は自分と相手の能力を比較するとき
に過度に平等であろうとする傾向があり，これによりたがいの判定精度の正確
な見積もりは思ったほど簡単ではなくなる。

　最近，Bahrami らの研究グループはこの平等バイアスの影響を検証する実
験を行った。その結果，自信度重み付けモデルから予想される二者の判定の最
適な重み付けと比べた場合，能力の低い人ほど自分の判定を押し通し，高い人
ほど相手の判定を受け入れる傾向があることが明らかとなった[7]。

　さらに興味深いことに，他者との社会的関係に関して傾向が異なるといわれ
る三つの**文化**圏の参加者群（デンマーク，イラン，中国）を比較しても，この

傾向にはほぼ差がなかった。この結果は，平等バイアスが文化によらない普遍的な人間の性質であることを示唆し，個々の能力に差がある集団の意思決定が最適な結論に至ることの困難さを物語っている。

16.6　おわりに：チームの最適化

Bahrami らの一連の研究は，集団的意思決定による文殊の知恵もパフォーマンスの低下も，各自の自信度に応じた重み付けによる最適化モデルで統一的に説明できることを示した。この成果に従えば，能力が近く，かつ意思疎通できる者どうしを組み合わせることが良いチーム編成のための得策といえる。また，能力差の大きなメンバーが集まるチームでは「すべての意見に平等に耳を傾ける」という一見公明正大な態度は非効率な行動となり，トップアスリートやワンマンエリート社長の一見頑固で独断的な態度はそのチームにとって最適な振る舞いともなる。このトピックが，これまでとは違った角度で私たちの社会行動を見つめ直すきっかけになれば幸いである。

引 用 文 献

1) Bahrami, B., Olsen, K., Latham, P. E., Roepstorff, A., Rees, G., & Frith, C. D. (2010). Optimally interacting minds. *Science, 329*, 1081–1085.

2) Kerr, N. L., & Tindale, R. S. (2004). Group performance and decision making. *Annual Review of Psychology, 55*, 623–655.

3) Hastie, R., & Kameda, T. (2005). The robust beauty of majority rules in group decisions. *Psychological Review, 112*, 494–508.

4) Ernst, M. O., & Banks, M. S. (2002). Humans integrate visual and haptic information in a statistically optimal fashion. *Nature, 415*, 429–433.

5) Flavell, J. H. (1979). Metacognition and cognitive monitoring : A new area of cognitive–developmental inquiry. *American Psychologist, 34*, 906–911.

6) Kruger, J., & Dunning, D. (1999). Unskilled and unaware of it : How difficulties in recognizing one's own incompetence lead to inflated self–assessments. *Journal of Personality and Social Psychology, 77*, 1121–1134.

7) Mahmoodi, A., Bang, D., Olsen, K., Zhao, Y. A., Shi, Z., Broberg, K., ... Bahrami, B. (2015). Equality bias impairs collective decision–making across cultures. *Proceedings of the National Academy of Sciences of the United States of America, 112*, 3835–3840.

泣くから悲しいのか，悲しいから泣くのか
― ジェームス・ランゲ説再び ―

（渡邊 克巳）

　私たちの情動や**感情**（以降では感情と統一する）はとても個人的な体験であり，自分の中から湧き出てきた感情の体験が先にあって，その後に感情表現として表出する（つまり，泣いたり，怒ったり，笑ったりする）ように思われる。しかしながら，感情の表出と自己の感情の体験がどのような関係にあるのかは長く議論があり，じつのところまだ明確な答えは出ているとはいえない。特に，心理学の分野では，私たちの直感に近い「悲しいから泣く」（**キャノン・バード説**）という考え方のほかに，「泣くから悲しい」（**ジェームス・ランゲ説**）という考え方を支持する研究もあり，この二つの過程を切り分けて研究することは難しいとされていた（**図 17.1**）。2016 年に筆者を含む研究グループが Proceeding of National Academy of Science USA に

（ａ）**キャノン・バード説**

受容器から入力された感覚刺激（①）が視床で処理される。それが大脳皮質へと投射されて（②上方向）感情体験が生成され，視床下部へと投射されて（②下方向）内臓や骨格筋による感情表出が生成される。つまり，入力された刺激を中枢（視床／視床下部）が処理し，その結果として感情・情動の体験と身体的変化が生じる。

（ｂ）**ジェームス・ランゲ説**

受容器から入力された感覚刺激（①）が大脳皮質のうち身体応答を担う領域で処理される。その信号（②）が内臓や骨格筋へと伝わって感情が表出する。その感情表出が大脳皮質のうち感覚処理を担う領域にフィードバックされて（③，④），感情体験が生成される。つまり，刺激入力に伴って身体的変化が生じ，それを感じることが感情・情動である。

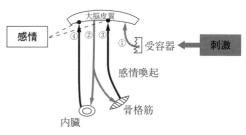

図 17.1　感情の古典的理論：（ａ）キャノン・バード説（視床説／中枢起源説）。
（ｂ）ジェームス・ランゲ説（末梢起源説）。

発 表 し た 研 究 "Covert digital manipulation of vocal emotion alter speakers' emotional state in a congruent direction"（「**意識**下の音声操作による自己感情体験の変調」）では，この「泣くから悲しいのか，悲しいから泣くのか」という古典的問題を取り扱った。具体的には，オンライン音声フィードバック技術を用いて，従来の研究よりも直接的に「泣くから悲しい」というジェームス・ランゲ説（とその発展理論）を支持する結果を報告している[1]。

17.1 感情の古典的理論

感情には表出と体験の側面がある。自己の感情だけに話をしぼると，前述のように，自己感情の表出が先なのか体験が先なのかという問題が昔から議論されてきた。

James と Lange がほぼ同時に提唱したためジェームス・ランゲ説と呼ばれる理論では，外的状況に対する（無意識的な）身体反応の意識化が感情であるとされている。したがって，泣くという反応（あるいは泣くという反応を起こすような脳内・身体過程）は，本人が気づく前に起こり，その結果として自分は悲しいという主観的体験が生じる[2]~[4]。

これに対して，Cannon は，中枢神経系から内臓を切り離しても動物の感情行動に変化がないことなどを根拠にジェームス・ランゲ説に異を唱え，Bard とともにキャノン・バード説（視床説 / 中枢起源説）を提唱した[4]~[8]。彼らは動物実験によって，『視床』の後部を残して，**大脳皮質**を含めたそれよりも上位の脳部位を切り離しても怒りの一種である威嚇（「偽の怒り（sham rage）」ともいわれる）を表出できることを示した。さらに，『視床』をすべて切除するとこの反応は起こらなくなった。これに基づき，Cannon と Bird は，『視床』が感情の中枢である，すなわち，感情の表出はその中枢処理の結果として生じているのだと主張した。

なお，その当時の論文[5]で Cannon が『視床』として言及していた部位は，現在，**視床下部**とされており，キャノン・バード説による感情の処理過程は，図 17.1（a）のように説明されている[8]。

17.2 感情 2 要因説

このような古典的な「悲しいから泣くのか，泣くから悲しいのか」の議論は，「偽の怒り」というネーミングにも表れているように，自己の感情体験の問題などを棚上げした形で進められ，感情の表出に焦点が当てられている。そのような中で，社会心理学者 Schachter と Singer によって提唱された**感情 2 要因説**では，感情の体験は特定の身体状況と一対一対応で直接起きるのではなく，特定の感情ラベルがまだ付けられていない非特異的な覚醒状態を，脳が外界や身体状態から検出し，それに対してラベル付けするといった 2 段階で生じるとしている[9]。この説をサポートする有名な実験例としては，Schachter と Wheeler の「エピネフリン実験」[10] と Dutton と Aron の「**吊り橋実験**」[11] などがあるが，どちらも外部から引き起こされた同じ身体反応（心拍の上昇など）が，状況によって異なる感情として体験されることを報告している。

17.3 ジェームス・ランゲ説再び

感情の主観的体験に眼が向けられるようになり，身体反応の解釈が感情体験を起こすという感情 2 要因説が出てくると，「身体反応が感情体験に先立つ」ということを主張しているという限定的な意味ではあるが，ジェームス・ランゲ説を再評価する動きも出てきた。例えば**顔面フィードバック仮説**を検証するために，感情表出のための**顔面筋**の動きが感情体験より先に起きている可能性を調べる実験では，顔面筋を操作することで（例えば，笑顔を作ってもらったり，強制的に笑顔を作るときに使われる顔面筋を活動させるような操作をすることで）感情に変化を起こさせることができることが報告されている[12]〜[14]。

17.4 意識下の自己音声フィードバックによる感情の変化

顔面フィードバック説の元となる実験は，ジェームス・ランゲ説を再び浮上させたものの，その実験結果が再現できないことが多いことや[15]，実際に顔面筋が動いていることが実験の参加者にわかってしまうことなどが問題として残っていた。そのため，本当に末梢からの情報のみだけで，感情体験に変化が

起きているかどうかはわかっていなかった。

　そこで筆者らは，人が話しているときにリアルタイムに音声に感情表現を与えることのできるシステムを使って，実験の参加者に感情フィルタを通した自分自身の声を聞かせたときに，感情の変化が起きるかを調べる実験を行った。具体的には，参加者は，ほかの実験で使う朗読の録音のために短い小説を読んでもらうという目的で参加してもらった。そのときに「楽しい」「悲しい」「怖がっている」ように聞こえる感情フィルタを，参加者にわからないように徐々にかけながら，自分自身の声を聞かせた。その結果，自分の声が変化していることに気づかないときでも，感情フィルタを通した方向に参加者の感情を変化させることができることが明らかとなった（**図 17.2**）。

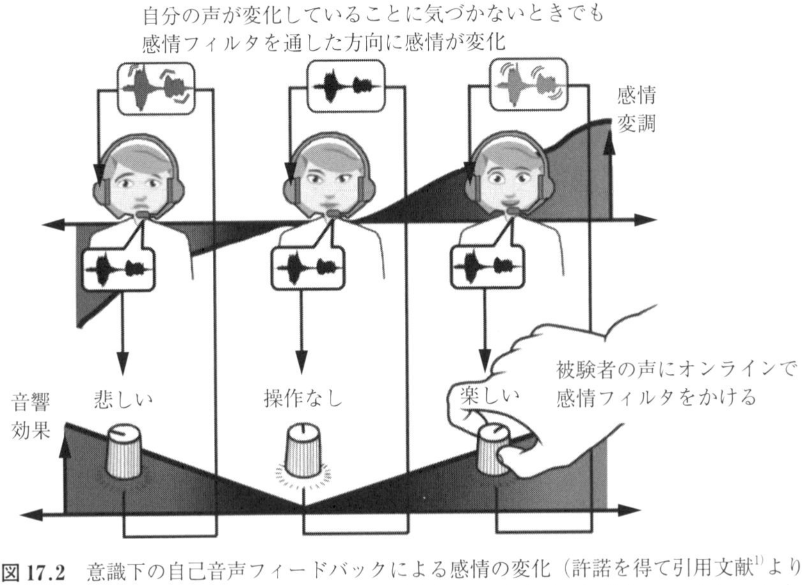

図 17.2　意識下の自己音声フィードバックによる感情の変化（許諾を得て引用文献[1]より転載。©2016, National Academy of Sciences of the United States of America）

　前述したように，従来の感情誘導の方法では，感情を引き起こすような**記憶**を思い出させたり，感情表現を強いたりしていたために，純粋に外部からの操作で感情を変化させることが可能であるかはわからない。この研究の結果は，自己の感情知覚における音声フィードバック効果を，純粋な形で示し，自己の

感情の発端が脳（内部）ではなく身体や環境（外部）にある場合もあることを示唆している。自分から感情を込めることもなく，また感情フィルタによる声の変化を知ることもなく，感情を誘導することができたという点で，自己の感情体験において，表出が体験に先立つ（「泣くから悲しい」）という新生ジェームス・ランゲ説の傍証ともいえるだろう。また，他人の感情の**認知**がその人の感情の表出に基づいているのと同様に，自分の感情の認知に関しても，自身の感情の表出に基づいている可能性を示唆している[16]。

17.5 おわりに：古典的論争から実社会への展開へ

「悲しいから泣くのか，泣くから悲しいのか」という古典的な心理学の論争を，現代になって新たな視点で捉え直すことは，純粋に学問的な観点だけにとどまらず，実社会への応用を開く可能性もある。例えば，気分障害や**心的外傷後ストレス障害**（PTSD）などの患者にポジティブな感情を誘導するなどの医療分野への応用や，会議やオンラインゲームなどでの場の雰囲気の変調，さらにはライブやカラオケの歌声に感情フィルタをかけたりすることでパフォーマー自身の感情に変調を与えることが可能になるかもしれない。

なお，本研究で用いた音声感情誘導のプラットフォーム（Da Amazing Voice Inflection Device：DAVID）は，以下のサイトでフリーで公開されている（http://cream.ircam.fr（2017 年 5 月現在））。ぜひ，自分で試して新しい実験を考えてみてほしい。

■ 引 用 文 献 ■

1 ）Aucouturier, J.-J., Johansson, P., Hall, L., Segnini, R., Mercadié, L., & Watanabe, K. (2016). Covert digital manipulation of vocal emotion alter speakers' emotional state in a congruent direction. *Proceedings of the National Academy of Science, 13*, 948–953.

2 ）James, W. (1890). *The principles of psychology.* Vol. 2. New York：Holt.

3 ）James, W., & Lange, C. G. (1922). *The Emotions.* Baltimore：Williams & Wilkins Co.

4 ）Ellsworth, P. C. (1994). William James and emotion：Is a century of fame

worth a century of misunderstanding? *Psychological Review*, *101*, 222–229.

5) Cannon, W. B. (1931). Again the James–Lange and the thalamic theories of emotion. *Psychological Review*, *38*, 281–295.

6) Bard, P. (1928). A diencephalic mechanism for the expression of rage with special reference to the sympathetic nervous system. *American Journal of Physiology*, *84*, 490–516.

7) Papez, J. (1937). A proposed mechanism of emotion. *Archives of Neurological Psychiatry*, *38*, 725–743.

8) LeDoux, J. E., & Damasio, A. R. (2012). Emotion and feelings. In E. R. Kandel, J. H. Schwartz, T. M. Jessell, S. A. Siegelbaum, & A. J. Hudspeth (Eds.), *Principles of neural science, fifth edition* (pp. 1079–1094). New York: McGraw-Hill Education. (ルドゥー, J. E.・ダマジオ, A. R.　杉浦 元亮 (訳) (2014). 情動と感情　カンデル, E. R.・シュワルツ, J. H.・イェッセル, T. M.・シーゲルバウム, S. A.・ハズペス, A. J. (編)　金澤 一郎・宮下 保司 (監訳) (2014). カンデル神経科学 第5版 (pp. 1056–1070) メディカル・サイエンス・インターナショナル)

9) Schachter, S., & Singer, J. (1962). Cognitive, social, and physiological determinants of emotional state. *Psychological Review*, *69*, 379–399.

10) Schachter, S., & Wheeler, L. (1962). Epinephrine, chlorpromazine, and amusement. *Journal of Abnormal and Social Psychology*, *65*, 121–128.

11) Dutton, D. G., & Aron, A. P. (1974). Some evidence for heightened sexual attraction under conditions of high anxiety. *Journal of Personality and Social Psychology*, *30*, 510–517.

12) Laird, J. D. (1974). Self–attribution of emotion：The effects of expressive behavior on the quality of emotional experience. *Journal of Personality and Social Psychology*, *29*, 475–486.

13) Strack, F., Martin, L. L., & Stepper, S. (1988). Inhibiting and facilitating conditions of the human smile：A nonobtrusive test of the facial feedback hypothesis. *Journal of Personality and Social Psychology*, *54*, 768–777.

14) Laird, J. D., & Lacasse, K. (2013). Bodily influences on emotional feelings：Accumulating evidence and extensions of William James's theory of emotion. *Emotion Review*, *6*, 27–34.

15) Association for Psychological Science. (2015). APS Registered Replication Report Project to Explore the "Facial Feedback Hyphothesis". Retrieved from http://www.psychologicalscience.org/index.php/publications/observer/obsonline/aps–registered–replication–report–project–to–explore–the–facial–feedback–hypothesis.html (March 20, 2017)

16) Bem, D. J. (1972). Self–perception theory. In L. Berkowitz (Ed.), *Advances in experimental social psychology* (Vol. 6, pp. 1–62). New York：Academic Press.

その決定，本当にあなたの意思どおり？
— 選択盲：意思決定の不確実さ —

（渡邊　克巳）

　今日の夕食はなにににしようかといった簡単な判断から，どの大学に行く
か，この人と結婚していいのかといった比較的大きな判断まで，私たちは人
生の中で多くの選択をする。いくつかの選択肢の中から選ぶ場合，そこには
動機や好みが存在し，私たちはその個人的な動機や好みが判断の基になって
いると信じている。しかしながら，その動機や好みはどこからやってきたの
だろうか？　もちろん，いままでの経験や個人の気質などが反映されている
ことは間違いない。では，果たしてどの程度，あなたの**意思決定**（あるいは
意思決定の理由）は，あなたの思いどおりだろうか？

　2005 年に Science 誌に Johansson らによって発表された "Failure to
detect mismatches between intention and outcome in a simple decision
task"（「単純な選択課題における意図と結果の乖離の見落とし」）で報告さ
れた choice blindness（**選択盲**）という現象は，私たちの意図や動機がつね
に意思決定の前に決まっているのではなく，（本人にもわからないうちに）
判断に伴う行動の後に，後付けで作られることもあることを示し，議論を呼
ぶこととなった[1]。

18.1　選　択　盲

　Johansson らの実験では，実験者は実験の参加者に 2 枚の顔写真を見せて，
どちらの人物のほうが魅力的かを指差ししてもらう。このような自分の好みに
基づいた判断を繰り返し行うのであるが，選んだ後に参加者が選んだほうの写
真だけを見せながら，どうしてこちらのほうを選んだのかを口頭で説明しても
らう。一見，なんの変哲もない選択課題のように見えるが，じつは実験者はマ
ジシャンで，何度かに一度，2 枚の写真を参加者に気づかれないようにすり替
える（参加者が左の写真を選択したら，右にあった写真を左から出したように
見せる）。つまり，その試行では参加者が選んでいないほうを見せながら「ど
うしてこちらのほうを選んだのか」と聞くのである（**図 18.1**（ a ））。どれく

（a）

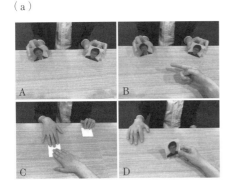

（b）

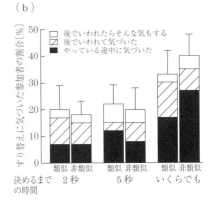

図 18.1　顔写真の選択における選択盲：（a）実験状況の例。A：2枚の写真が提示される。B：参加者は魅力的なほうを指差しで答える。C：実験者は写真を一度伏せて参加者に渡す。D：参加者は渡された写真を見て，なぜ選んだのかを説明する。（b）結果：すり替えに気づいた参加者の割合（％）（許諾を得て引用文献[1]を基に一部改変。©2005, American Association for the Advancement of Science）

らいの参加者がすり替わったことに気づくだろうか？

　普通に考えれば，自分の好みに従って選んだのだから，ほとんどの人が気づくと予想するだろう。しかし，実際に実験を行った結果，多くの参加者が写真のすり替えに気がつかないという予想もしない結果となった。図 18.1（b）の縦軸は検出率を示しているのだが，いくらでも考えてよいという条件ですら，3人中2人は「そんなことはなかった」と答えていることになる。さらに，2枚の写真に写った人物が似ていても似ていなくても検出率に違いはなく，単に写真の人物どうしが似ているせいですり替えに気づきにくかったというわけでもない。

　この実験では二つの写真は性別や大まかな魅力度などが揃えてある顔写真が使われている。しかしながら，自分が選んでいないものを目の前に出されて「どうしてこちらのほうを選んだのか」といわれたときに気づかないという状況は，私たちは意思決定において，自分の好みや動機をきちんと理解しているわけではないことを示している。

18.2   後付けされる好み

意思決定における好みや動機が不確実であるということが実験の結果わかったとしても，選択している本人にとって好みや動機があやふやに感じられているわけではない。それは，上記のようにほとんどの人が，後から思い返してもすり替えを信じないということにも表れているとともに，すり替わったことに気づかない参加者が，（自分では選んでいないほうを）選んだ理由を確信をもって語っているということにも表れている。自分では選んでいないほうを選んだ（と思っている）理由も，「彼女の耳飾りが素敵だ」「自分の叔母に似ている」「あごの形がいい」「笑顔だから」などと多岐にわたるが，本人はそれらが真の理由であるということを信じている。さらに，その後の研究では説明の発話内容をさまざまな角度から分析しているが，「本当に選んだものを説明する場合」と「すり替わったものを（自分が選んだと思い込んで）説明する場合」で，その基本的な発話構造や内容などに統計的な差がほとんど見られないことが明らかになっている[2]。

18.3   ほかのモダリティでは？

このような自己の好みに基づく意図と結果の乖離の見落とし（選択盲）は，視覚による判断に限定されない。例えば，ジャムの試食を模した実験[3]では，2種類のジャムを別々の容器に入れて，それぞれ順番に試させた後，参加者にどちらが好きかを判断させている（図 18.2（a））。この場合も，先行研究と同様に，選んだジャムとは異なる（ただし，見た目の色は同じようにしてある）ジャムが出てくる試行が存在し，参加者になぜそちらを選んだのかを口頭で説明してもらう。結果は写真による魅力度判断とほぼ同様で，多くの参加者が自分の選んでいないほうのジャムを食べさせられたことに気づかず（アップルシナモンとグレープフルーツでも！），また自分の判断に対する確信度も高かった（図 18.2（b））。

ほかにも，「（現実の諸問題に対する）道徳的な態度」に関する質問紙を用いた実験[4]や経済的判断[5]などにおいても，選択盲が起きることが確認されてお

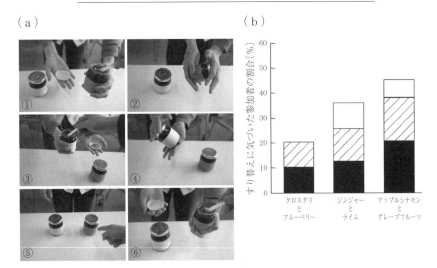

（a）

（b）

図 18.2 ジャムの試食における選択盲：（a）実験状況の例。（b）結果：すり替えに気づいた参加者の割合（％）（許諾を得て引用文献[3]を基に一部改変。©2010, Elsevier B.V.）

り，選択盲が特定の**モダリティ**や判断のレベルに依存するものではなく，より一般的な現象であることが示唆されている。

18.4 意思決定のポストディクティブな側面

　私たちが意思決定という言葉に対して持つ一般的なイメージは，確固とした個人の好みや動機に基づいて，いくつかの選択肢の価値を天秤にかけ，その中で最適なものを選んでいくというものであろう。しかし，選択盲を含む近年の意思決定研究は，**合理的経済人**としての人間という考え方だけでは収まりきらない，人間のこころと脳，それを反映した行動の複雑さを浮き彫りにしつつある。特に，いままで結果だと思われてきたこと（「判断」「行動」）が，いままで原因だと思われていたこと（「動機」「好み」）に先立つことがある可能性は，**ポストディクティブ**過程として，近年，知覚や**認知**，あるいは運動などの基礎的な研究分野でも扱われつつある[6]。

　このような，結果が原因に先立つ（かのように思われる）ポストディクティブ過程が起きる一つの理由は，人間は心的過程の「結果は**意識**できるが，その

過程そのものの多くは意識することはできない」ためであると考えられる[7],[8]。したがって，本当の意図や決定過程は自己から隠ぺいされ，意図と行動の間に矛盾が生じることも多い。**認知的不協和理論**[9]，**自己知覚理論**[10]，**帰属理論**[11]などの社会心理学の枠組みで議論されてきたことが，現在，こころと脳を捉える視点として新たに再浮上してきているともいえるだろう。

18.5　おわりに：自分の意思はどこにあるのか

　選択盲という現象により，意思決定に先立つ動機や好みという古典的な概念が揺らぎつつある。もちろん選択盲が観測されているのは実験的な状況であり，比較するものが大きく異なる状況（イヌとゾウなど）や，既知の対象の選択（友人どうしの比較など），あるいは経験によって判断ができるようになった事例（自分の専門分野の知識を使った判断）など，違いがわかりやすいものに関しては生じにくくなることは容易に想像できる[12]。

　しかし，少なくとも現代における購買行動を想定してみた場合，選択肢の数は増えているものの，その質的差異は小さくなる傾向にあり，選択盲がより起きやすくなっているとも考えられる。さらに，すでに述べたように，選択盲が起きた場合，好みや動機が前もって持っていたものなのか後付けされたものなのかは，その内容や表面的な構造からはわからない。このことは，日常生活では，好みや動機がいつ決まったのかは誰にもわからないという状況が起きうることを意味している。加えて，自分の選択によって後付けされた動機や好みが，つぎの選択に及ぼす影響もあり[13]，日常生活における意思決定をめぐる選好行動と意図・動機の関係は，ますます興味深い研究対象となってきている。

引　用　文　献

1 ）Johansson, P., Hall, L., Sikstrom, S., & Olsson, A. (2005). Failure to detect mismatches between intention and outcome in a simple decision task. *Science*, *310*, 116–119.

2 ）Johansson, P., Hall, L., Sikstrom, S., Tarning, B., & Lind, A. (2006). How

something can be said about telling more than we can know. *Consciousness and Cognition, 15*, 673–692.

3) Hall, L., Johansson, P., Tarning, B., Sikstrom, S., & Deutgen, T. (2010). Magic at the marketplace : Choice blindness for the taste of jam and the smell of tea. *Cognition, 117,* 54–61.

4) Hall, L., Johansson, P., & Strandberg, T. (2012). Lifting the veil of morality : Choice blindness and attitude reversals on a self–transforming survey. *PLoS ONE, 7.*

5) McLaughlin, O., & Somerville, J. (2013). Choice blindness in financial decision making. *Judgment and Decision Making, 8*, 561–572.

6) Shimojo, S. (2014). Postdiction : Its implications on visual awareness, hindsight, and sense of agency. *Frontiers in Psychology, 5*, 196.

7) Nisbett, R., & Wilson, T. (1977). Telling more than we can know : Verbal reports on mental processes. *Psychological Review, 84*, 231–259.

8) Wilson, T. (2002). *Stranger to ourselves.* Cambridge, MA : Harvard University Press.

9) Festinger, L. (1957). *A theory of cognitive dissonance.* California : Stanford University Press（フェスティンガー, L. 末永 俊郎（監訳）(1965). 認知的不協和の理論—社会心理学序説　誠信書房）

10) Bem, D. J. (1972). Self–perception theory. In L. Berkowitz (Ed.), *Advances in experimental social psychology* (Vol. 6, pp. 1–62). New York : Academic Press.

11) Weiner, B. (2006). *Social motivation, justice, and the moral emotions : An attributional approach.* Routledge.

12) Petitmengin, C., Remilliexu, A., Cahour, B., & Carter–Thomas, S. (2013). A gap in Nisbett and Wilson's findings? A first–person access to our cognitive processes. *Consciousness and Cognition, 22*, 654–669.

13) Johansson, P., Hall, L., Tarning, B., Sikstrom, S., & Chater, N. (2014). Choice blindness and preference change : You will like this paper better if you (believe you) chose to read it! *Journal of Behavioral Decision Making, 27*, 281–289.

悪い結果は私のせいではない
― ご都合主義な脳の原因帰結 ―

（吉江 路子）

　あなたの身の回りに，良いことが起こると「私のおかげ」，悪いことが起こると「他人のせい」といいがちな身勝手な人はいないだろうか。じつは，古くから心理学の分野では，良い結果を自分の行為に，悪い結果を自分と関係のない外的要因に結び付けるという私たち人間の傾向が指摘されてきた。本トピックでは，このように「ご都合主義」な脳の原因帰結メカニズムを，運動と感覚の統合という観点から客観的に示した最近の研究[1]を紹介する。

19.1　行為主体感にはバイアスがある

　私たちは，日常においてさまざまな意図や目的を持って行動し，周囲の環境に働きかける。すると，多くの場合，環境になにかしらの変化が生じる。こうした「自分の行為の結果」を，私たちは視覚や聴覚などを通じて認識している。

　この際に生じる「自分自身が行為をした（している）」という感覚，さらには「その行為によって○○が起こった（起こっている）」という感覚を，**行為主体感**と呼ぶ。行為主体感は，**身体所有感**とともに，基本的な自己**意識**を構成する要素だと考えられている[2]。

　通常，意図的な行為の際には，行為主体感と身体所有感は同時に生じ，切り離すことはできない。例えば，自動販売機でジュースを購入する際，「自分がボタンを押したせいで，自動販売機からジュースが出てきた」という行為主体感とともに，「ボタンを押した指は自分のものである」という身体所有感が伴う。しかし，もし別の人があなたの指を持って，自動販売機のボタンを押させたらどうだろうか。この場合は，指に対する身体所有感はあるものの，「ジュースが出てきたのは，相手の行為のせいだ」と感じられる。つまり，自分の身体による行為であるにもかかわらず，行為主体感が伴わない状況となる。

　さて，古くから心理学の分野では，行為の結果によって行為主体感が変化す

ることが経験的に知られていた。例えば，1970 年代に Arkin らが興味深い社会心理学実験を行っている[3]。実験の参加者はセラピスト役になり，恐怖症の患者役に心理療法を施すよう求められた。その結果，患者役の状態が改善すると「自分の治療のおかげだ」と感じがちであったのに対し，状態が悪化すると「自分の治療とは関係ない」と感じがちであった。

　このように，良い結果は自分の行為に結び付け，悪い結果は自分の行為と切り離す傾向を，**利己的帰属バイアス**と呼ぶ。この実験を含む古典的な心理学研究によってその存在が示唆されていた利己的帰属バイアスであったが，それを客観的に証明するためには，一見，主観的でつかみどころのない行為主体感をなんらかの形で定量化する必要がある。

19.2　時間知覚の錯覚で行為主体感を測る

　2000 年代初頭，Haggard らは，行為主体感の背後にある，時間知覚の**錯覚**を発見した[4]。すなわち，私たちが行為主体感を持つ際には，意図的行為と，その行為の結果としてとらえられる感覚刺激との間の主観的な時間間隔が狭まるというのである。この興味深い現象は，後に，行為主体感を客観的に定量化する手法として，広く用いられるようになった。

　Haggard らの実験では，ボタン押しという行為，ビープ音という刺激を用いて，**図 19.1** に示す三つの条件が設定された。まず，行為の統制条件（図 19.1（a））では，参加者は，約 2.5 秒に 1 周の速さで針が回り続ける時計を見ながら，自分の好きなタイミングでボタンを押した。数秒経って時計の針が止まった後，参加者は「ボタンを押した瞬間に，時計の針がどこを指していたか」を時計上の数字で答えた。刺激の統制条件（図 19.1（b））では，同様に時計を見ながらランダムな時間間隔で呈示される短いビープ音を聞き，「音が聞こえた瞬間に時計の針がどこを指していたか」を時計上の数字で答えた。

　一方，主体条件（図 19.1（c））では，参加者は同様に時計を見ながら，自分の好きなタイミングでボタンを押すよう求められた。統制条件との違いは，参加者がボタンを押すと，つねにその 250 ミリ秒後にビープ音が呈示された点

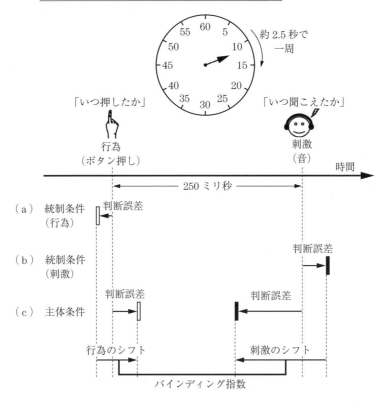

図 19.1 インテンショナル・バインディングの実験パラダイム（引用文献[1]を
基に一部改変。©2013, Yoshie, Haggard. Published by Elsevier Inc.)

である。参加者は，「ボタンを押した」もしくは「音が聞こえた」と感じたタ
イミングを時計上の数字で答えた。主体条件では，行為（ボタン押し）によっ
て刺激（ビープ音）が生じるという因果関係が存在したため，行為や刺激が独
立に起こった統制条件と異なり，参加者に行為主体感が誘発された。このた
め，主体条件と統制条件との比較により，行為主体感が行為や刺激の時間知覚
に与える影響を調べることができた。

　実験の結果，「ボタンを押した」と感じたタイミングは，ビープ音が生じな
い行為の統制条件に比べて，主体条件では遅くなった。また，「音が聞こえた」
と感じたタイミングは，行為なしに音が生じる刺激の統制条件に比べて，主体

条件では早くなった（図19.1）。つまり，行為の主観的なタイミングは刺激のほうに引き寄せられ（行為のシフト），刺激の主観的なタイミングは行為のほうに引き寄せられたのである（刺激のシフト）。

その一方で，**経頭蓋磁気刺激法（TMS）**という手法を用いて，自分の意思と関係なく（不随意に）手が動くようにして，その不随意運動の250ミリ秒後に音を呈示した場合には，これらの錯覚は生じなかった。

このように，自らの意図的な運動行為によって行為主体感が喚起された場合のみ，行為とその結果としてとらえられる感覚刺激の主観的なタイミングがたがいに近づくことから，この時間知覚の錯覚は，**インテンショナル・バインディング（意図的運動と感覚の結び付け）**と名付けられた。この錯覚の度合は，行為のシフトと刺激のシフトを足し合わせたバインディング指数によって定量化できる（図19.1）。

19.3　他者の反応の良し悪しによって行為主体感が変化する

YoshieとHaggardは，インテンショナル・バインディングの実験パラダイムを用いて，利己的帰属バイアスの客観的証明を試みた[1]。日常では，他者に対して同じ行為をしても，そのときの状況や相手の状態によって，相手から良い**感情**的反応が返ってくる場合もあれば悪い反応が返ってくる場合もある。このような他者とのコミュニケーション状況を想定し，以下のような二つの心理実験が行われた。

実験1では，参加者は時計を見ながら自分の好きなタイミングでボタン押しを行った。ボタン押しの250ミリ秒後に「アハハ（愉快）」「ワーイ（達成）」といった快感情を表す声が聞こえる条件（快条件）と，同じ時間後に「ギャー（恐怖）」「オエー（嫌悪）」といった不快感情を表す声が聞こえる条件（不快条件）が設定された。参加者は，「ボタンを押した」と感じたタイミングや「声が聞こえ始めた」と感じたタイミングを，時計上の数字で回答した。

実験の結果，快条件では，ボタン押しの主観的タイミングが約34ミリ秒，感情的な声のほうに引き寄せられ，声の主観的タイミングは約183ミリ秒，ボ

タン押しのほうに引き寄せられた。一方，不快条件では，ボタン押しの主観的タイミングは約 18 ミリ秒しか声のほうに引き寄せられず，声の主観的タイミングも約 134 ミリ秒しかボタン押しのほうに引き寄せられなかった。この結果から，他者からの感情的反応によって行為主体感にバイアスがかかることが示された（**図 19.2**（a））。

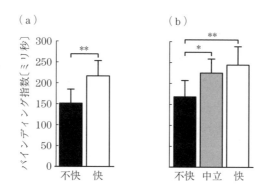

図 19.2 他者の感情的反応による行為主体感の変化：（a）実験 1 の結果。（b）実験 2 の結果。** $p < 0.01$，* $p < 0.05$。（引用文献[1]を基に一部改変。©2013, Yoshie, Haggard. Published by Elsevier Inc.）

　続いて，実験 2 では，他者の快反応に対して行為主体感が増強するバイアスがあるのか，あるいは他者の不快反応に対して行為主体感が減弱するバイアスがあるのかを調べるため，ボタン押しをすると中立音が聞こえる「中立条件」を加え，計 3 条件で同様の実験を行った。

　その結果，快条件と中立条件の間にはバインディング指数に差がなく，快条件や中立条件に比べて不快条件でバインディング指数が有意に低くなっていた（図 19.2（b））。このことは，他者の不快反応に対して行為主体感が弱まるという自己防衛的なバイアス，つまり「悪い結果は私のせいではない」というご都合主義な脳の原因帰結があることを示している。

　この研究は，時間知覚の錯覚を利用して行為主体感を定量化することにより，利己的帰属バイアスが，運動と感覚の統合というレベルで存在することを証明したのである。

19.4　おわりに：ご都合主義の恩恵にあずかって

日常において，自分の行為が悪い結果を引き起こすたびに「私のせいだ」と強く責任を感じてしまったら，私たちはどんどん消極的になってしまうだろう。悪い結果に対して行為主体感が弱まるという自己防衛的なバイアスがあることで，私たちは，失敗にもめげず，自尊心を保ち，挑戦を続けていけるのではないだろうか。

実際，抑うつ傾向のある者では，抑うつ傾向のない者に比べて利己的帰属バイアスが弱いことが示唆されている[5]。逆に，利己的帰属バイアスが強すぎれば，犯罪やルール違反を繰り返してしまうだろう。適度に「ご都合主義」な脳の原因帰結メカニズムが，私たちのこころの健康や社会の秩序を守ってくれているのかもしれない。

引　用　文　献

1) Yoshie, M., & Haggard, P. (2013). Negative emotional outcomes attenuate sense of agency over voluntary actions. *Current Biology*, *23*, 2028–2032.

2) Gallagher, S. (2000). Philosophical conceptions of the self : Implications for cognitive science. *Trends in Cognitive Sciences*, *4*, 14–21.

3) Arkin, R. M., Gleason, J. M., & Johnston, S. (1976). Effect of perceived choice, expected outcome, and observed outcome of an action on the causal attributions of actors. *Journal of Experimental Social Psychology*, *12*, 151–158.

4) Haggard, P., Clark, S., & Kalogeras, J. (2002). Voluntary action and conscious awareness. *Nature Neuroscience*, *5*, 382–385.

5) Kuiper, N. A. (1978). Depression and causal attributions for success and failure. *Journal of Personality and Social Psychology, 36*, 236–246.

スマホスワイプで気分上々
— 身体化される認知と感情 —

（山田 祐樹）

　「上を向いて歩こう」という歌がある。失恋の歌とされているが，その理由は「涙がこぼれないように」であった。しかし，上を向くことはそうした物理的な意味を超えて，自分の**感情**をポジティブに変化させうることが最近の認知心理学によって明らかにされてきた。そうした研究の一つに，筆者らが 2015 年に Proceedings of the Royal Society of London B 誌に発表した "Post–determined emotion：Motor action retrospectively modulates emotional valence of visual images"（「感情の後付け：動作は画像の感情評価を遡及的に変容させる」）[1]がある。この研究は，私たちの感情というものがじつにあいまいで，身体に依存した存在であることを示唆している。

20.1　身体化された認知

　思考，判断，**記憶**などの認知と呼ばれる心的過程はもっぱら脳が担っていると考えられてきた。しかしながら，身体状態が認知処理に影響することもだんだんと報告されるようになった。例えば，頭を上下に振りながら他者の意見を聞いていると，横に振りながら聞いているときよりも説得されやすくなるという[2]。あるいは，ホットコーヒーの入ったマグカップを持った後に架空の人物の評価を行うと，実験の参加者はその人のことを温かく，信用できる人物だと答えるようになることが報告されている[3]。ほかにも，重いリュックを背負っていると坂がより急に見えたり[4]，ドアを通り抜けたら記憶の忘却が促進されたり[5]，枚挙に暇がない。

　このような身体の動き，感覚，あるいは状態が認知的活動に影響することを示す多くの証拠は，脳だけが認知を形作るという従来の考えに修正を迫った。そこで研究者たちは，さまざまな立場から[6]，こころと身体の結び付き，すなわち「身体化された認知」を理論化すべく議論を進めていった。彼らは当然，

感情も身体化されるものであると考えた[7]。

20.2　身体化された感情

　じつは，感情の研究者は 1800 年代から身体と感情との結び付きを考えていた。その最も有名なものが「泣くから悲しい」という**ジェームス・ランゲ説**[8]である（トピック 17 参照）。この理論は，泣くという身体反応を感情体験に先立つものと考えており，感情が身体化されているという考え方にとても類似している。また，**顔面フィードバック仮説**も，顔面筋の状態が感情体験と関係することを示唆している。ある研究ではボツリヌス毒素を参加者の顔面に注入し，一時的に顔面筋を麻痺させると，麻痺している期間中では怒り顔を見たときの**扁桃体**の賦活が低下することが示された[9]。この知見は顔面フィードバック仮説を支持するものである。

　さらに，2009 年に Casasanto は身体空間と感情との関係について新たな仮説を提案した[10]。これは**身体特異性仮説**と呼ばれるもので，身体を中心とした空間に特定の感情が配置されるという考えである。具体的には，自分の身体を中心とした空間において，「上」にはポジティブ感情が，「下」にはネガティブ感情が紐付けられているという。これを支持する知見として，上方向への運動をしているときには，下方向への運動の場合に比べて良い思い出を多く想起することがわかっている[11]。

　じつはこれだけではない。身体空間での「右」にはポジティブ感情が，「左」にはネガティブ感情が紐付けられており，しかも左利きの人ではそれが逆転するというのも身体特異性仮説の重要なポイントである。アメリカ大統領選での候補者演説において，右利きの候補者は良い話題を話すときには右手のジェスチャが左手より多く，左利きの候補者ではその反対の傾向が見られたこともこの仮説を支持している[12]。利き手における動作の流暢さが，そちら側の空間への好ましさへと誤って帰属されることがその理由として考えられている[13]。また，これらの上下左右を示す空間語と感情の関係は，22 の言語で共通していることも明らかになっている[14]。空間と感情との結び付きが，利用言語にかか

わらず，身体に依存していることの証左である。

20.3　スワイプで感情を塗り替える

　身体特異性仮説に基づけば，上下方向の動作もポジティブ・ネガティブ感情
と結び付いている。しかし，いままさに感じている感情を，動作によって調整
できるのかについてはわかっていなかった。そこで筆者を含む研究グループ
は，スマートフォン（スマホ）の普及により昨今とても日常的になった「スワ
イプ動作」に注目した。スワイプ（swipe）とは「拭い取る」という意味も持
つ英単語で，その名の通り，画面に触れている指を一定方向に拭うように滑ら
せる動作である。スマホでメール，インターネットの記事，SNS の投稿など
を読むときに，私たちは頻繁に上下方向のスワイプを行っている。果たしてこ
のような日常的な上下方向の動作によって，私たちの感情は影響を受けるのだ
ろうか。それが筆者らの問題意識であった。

　そこで以下のような実験を行った（**図 20.1**（a））。参加者には，タッチパ
ネルに呈示された画像に対して抱く感情を－3（最もネガティブ）から＋3
（最もポジティブ）まで7段階の数値で評価するように頼んだ。だが参加者に
要求したのはこれだけではない。黒色のボールが画面に出てきたら，急いでそ
れをタッチし，赤色（あるいは青色）のエリアまでずらしながら移動させるよ
うにも頼んだ。この赤と青のエリアはそれぞれ画面の上下どちらかにランダム
に設置されていた。つまり，上下という言葉を使わずに，画面を上か下にスワ
イプさせたのである。なぜわざわざそのような面倒な方法をとったのかという
と，上述したように「上」「下」という言葉自体がポジティブ・ネガティブの
印象を持っているため，その影響を排除したかったからである。また，統制条
件として左右にスワイプさせる条件も加えていた。

　もう一つ，重要な条件が設定されていた。スワイプ動作は必ず画像が呈示さ
れてから評価を行う間に挿入されたのだが，このとき，画像が呈示された直後
と2秒後の2種類の時間差を用意した。そしてスワイプが終わるとすぐに評価
用の画面に切り替わった。

（a）

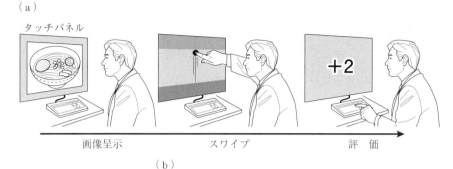

画像呈示　　　　　　スワイプ　　　　　　評　価

（b）

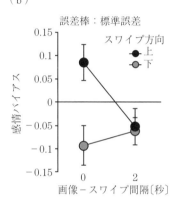

図 20.1　（a）実験試行の流れ図。（b）実験結果。縦軸の0より大きな値は，左右動作を行った場合よりも評価がポジティブにバイアスされたことを示す。一方で0より小さな値はネガティブにバイアスされたことを示す。

　実験の結果は，筆者らが予想したとおりのものであった（図20.1（b））。まず，画面を左右方向にスワイプしても感情価は有意に異ならなかった。しかし，画面を上方向へスワイプすると，左右方向の統制条件のときよりも画像の評価が良くなり，下方向へスワイプすると悪くなったのである。つまり，まさにペンキを塗るかのように，上下の動作は感情を塗り替えられることがわかった。しかもこれだけではない。この効果は画像が呈示された直後にスワイプを行わないと生じなかった。感情を塗り替えられる時間は短く限られているのだ。

20.4 感情は後付け

　この研究の知見において重要な点は，感情と特定方向の動作が結び付いていることではない。それ自体はすでに多くの先行研究が示していることに過ぎない。この研究の新規性は，感情刺激の観察の「後に」感情体験を変更している点にある。よく考えるとこれは奇妙なことだ。私たちは，感情というものが，感情を喚起する出来事と出会った瞬間に沸き立ち，それをそのまま体験しているものと思っている。しかしそれは幻想であることが示されたのである。本研究の著者が考える感情とは，おそらく幅広い時間幅を持ち（といっても2秒以内だが），その間に動作などのさまざまな情報入力を受け付け，それをまとめてある一つの感情価という値にして出力している。つまり感情においても**ポストディクション**（トピック 17 参照）的な処理がなされている可能性を示唆しているのである。

20.5 お わ り に

　失恋のようなつらいことがあっても，上を向いて歩くことでポジティブな気持ちになれる。これは身体特異性仮説の予測と一致している。「上を向いて歩こう」がリリースされた当時，1961 年は認知心理学の黎明期であった。身体特異性仮説が提案されるのはこの 50 年近くも後であり，当時の心理学者は身体的な上方空間とポジティブ感情との関係性について想像もしていなかったことだろう。もちろん，坂本九も永六輔もそうであったに違いない。しかし，学術的には明らかでなかったとはいえ，上を向けばなんとなく気分が晴れやかになり，活力が湧いてくるのは多くの人が経験してきたことだと思う。日常の中にこそ，まだまだ解明されていないこころと脳の謎が潜んでいて，それを学術の俎上に乗せて検討するのが研究者の仕事である。後付けの気分でもかまわないから，まずは上を向いてつぎなる仕事に取りかかりたい。

引 用 文 献

1) Sasaki, K., Yamada, Y., & Miura, K. (2015). Post–determined emotion：Motor action retrospectively modulates emotional valence of visual images. *Proceedings of the Royal Society B：Biological Sciences, 282*, 20140690.

2) Wells, G. L., & Petty, R. E. (1980). The effects of overt head movements on persuasion：Compatibility and incompatibility of responses. *Basic and Applied Social Psychology, 1*, 219–230.

3) Williams, L. E., & Bargh, J. A. (2008). Experiencing physical warmth promotes interpersonal warmth. *Science, 322*, 606–607.

4) Bhalla, M., & Proffitt, D. R. (1999). Visual–motor recalibration in geographical slant perception. *Journal of Experimental Psychology：Human Perception and Performance, 25*, 1076–1096.

5) Radvansky, G. A., & Copeland, D. E. (2006). Walking through doorways causes forgetting：Situation models and experienced space. *Memory & Cognition, 34*, 1150–1156.

6) Wilson, M. (2002). Six views of embodied cognition. *Psychonomic Bulletin & Review, 9*, 625–636.

7) Niedenthal, P. M. (2007). Embodying emotion. *Science, 316*, 1002–1005.

8) James, W. (1884). What is an emotion? *Mind, 9*, 188–205.

9) Kim, M. J., Neta, M., Davis, F. C., Ruberry, E. J., Dinescu, D., Heatherton, T. F., ... Whalen, P. J. (2014). Botulinum toxin–induced facial muscle paralysis affects amygdala responses to the perception of emotional expressions：Preliminary findings from an A–B–A design. *Biology of Mood & Anxiety Disorders, 4*, 11.

10) Casasanto, D. (2009). Embodiment of abstract concepts：Good and bad in right–and left–handers. *Journal of Experimental Psychology：General, 138*, 351–367.

11) Casasanto, D., & Dijkstra, K. (2010). Motor action and emotional memory. *Cognition, 115*, 179–185.

12) Casasanto, D., & Jasmin, K. (2010). Good and bad in the hands of politicians：Spontaneous gestures during positive and negative speech. *PLoS ONE, 5*, e11805.

13) Casasanto, D., & Chrysikou, E. G. (2011). When left is "right"：Motor fluency shapes abstract concepts. *Psychological Science, 22*, 419–422.

14) Marmolejo–Ramos, F., Elosúa, M. R., Yamada, Y., Hamm, N. F., & Noguchi, K. (2013). Appraisal of space words and allocation of emotion words in bodily space. *PLOS ONE, 8*, e81688.

目は口ほどにものをいう？
― 感情認知の文化差 ―

（田中 章浩）

　「社会的な動物」である私たち人間が日常生活を送る中で，相手の**感情**を読み取る能力はとても重要である。例えば，相手を怒らせてしまったことに気づかずに会話を続けていくと，人間関係に修復不能な亀裂が入ってしまうかもしれない。反対に，相手が喜んで話してくれたのに，それと気づかずにそっけない反応をしてしまうのも粋ではないだろう。

　ときには「あのとき笑顔だけど，目が笑ってなかったよね」などという会話がなされることもある。どうやら相手の表情から感情を読み取るときには，目や口などのパーツが手がかりになっているようだ。また，初対面の人や外国人と会話しているときに顔に出すのは控えつつも，弾んだ声で返したつもりでも，相手には自分の喜んだ気持ちが伝わらなかったなどという経験もあるかもしれない。感情の表現と**認知**には，個人差や文化差があるのだろうか。

21.1　感情認知の手がかり

　他者の感情を読み解くとき，もっとも有効な手がかりは顔の表情であろう。顔の表情は**顔面筋**と呼ばれる一連の筋肉群によって作られている。したがって，より細かく見れば，目元の表情，口元の表情といった具合に細分化される。そのため，「口元は笑っているけれど，目元が笑っていない」などのように，パーツごとに異なった感情が表出されることもある。顔面筋は随意的にコントロールすることが容易なものから困難なものまで含まれる。口元の筋は比較的意識的にコントロールしやすいのに対し，目元の筋は随意的にコントロールするのが難しい[1]。

　さて，顔面筋によって作られた顔の表情は，相手に正しく伝わるのだろうか。顔のすべてのパーツが同じ感情を表現していればあまり問題はなさそうだが，やっかいなことに「口元は笑っているけれど，目元が笑っていない」などという状況では，口に着目すれば笑っているように見えるけれど，目に着目すれば

笑っているようには見えないということが起こりうる。つまり，どこに視線を向けるかによって受け取る感情が違ってきてしまうわけだ。このような違いは個人レベルでも存在するだろうし，文化差という形でも存在するかもしれない。

21.2　目は口ほどにものをいう

　では，顔の表情認知にはどのような文化差が見られるのだろうか？　Yukiらの研究グループは，日米の学生を対象として顔の表情認知の文化間比較研究を行った[2]。彼らの第1実験では，顔文字を用いた検討を行っている。実験ではさまざまな顔文字を実験の参加者に見せ，それぞれ感情を9段階で評定するよう求めた。**図21.1**下段に示したように，顔文字には，a）目喜び／口中立，b）目中立／口悲しみ，c）目喜び／口悲しみ，d）目中立／口喜び，e）目悲しみ／口中立，f）目悲しみ／口喜びの6種類があった。条件設定がやや複雑に感じられるが，a）〜c）は「目のほうがポジティブ」な条件であり，d）〜f）は「口のほうがポジティブ」な条件である。

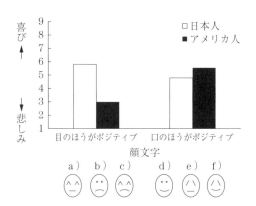

図21.1　Yukiらの実験で用いた顔文字刺激および実験結果
（引用文献[2]を基に図を作成）

　実験の結果，「目のほうがポジティブ」な条件では日本人の評定値が有意に高く，「口のほうがポジティブ」な条件ではアメリカ人の評定値が有意に高かった（図の上段）。この結果は，表情を読み取るときに日本人は目元にウェイトを置

くのに対し，アメリカ人は口元にウェイトを置くとの仮説を支持している。

　この実験でははっきりとした文化差が示されたが，顔文字に固有の結果である可能性や，実験で用いた顔文字に対する親近度が影響した可能性が残る。そこで彼らは第 2 実験で，顔文字ではなく実際の顔写真を用いた実験を実施している。

　実験の結果，全体的な効果は第 1 実験よりも小さいものの，「目のほうがポジティブ」な条件では日本人の評定値が有意に高く，「口のほうがポジティブ」な条件ではアメリカ人の評定値が有意に高いという結果が得られ，第 1 実験の重要な結果が再現された。

21.3　声は顔ほどにものをいう？

　感情認知においては，顔の表情だけではなく，声や身体表現などさまざまな情報が手がかりとなりうる[3]。これらの手がかりは単独で用いられるばかりでなく，相互作用があることが知られている。Tanaka らの研究グループは，日本人とオランダ人の大学生を対象に，相手の顔を通して読み取った情報と声を通して読み取った情報をどのように結び付けて感情を判断しているのかを検討する文化間比較研究を行った[4]。

　実験に先立って，人物が意味的には中立な言葉に喜びまたは怒りの感情を込めて発話する様子をビデオに収録した。その後ビデオを編集して，顔と声の感情が一致したビデオ（例：顔も声も喜び）と一致しないビデオ（例：顔は喜び，声は怒り）を作成した（**図 21.2**）。なお，そのまま用いると感情認知は顔のほうが容易なため，実際の実験では顔にノイズをかけてよく見えないようにし，顔と声の判断の難しさが等しくなるように調節した。実験では参加者にビデオを視聴させ，顔または声のどちらか一方のみに着目して（つまり他方は無視して），人物の感情を判断するよう求めた。

　実験の結果，日本人はオランダ人と比べて，顔に着目して判断する場合には，無視すべき声による影響を強く受け，声に着目した場合には逆に，無視すべき顔による影響を受けにくいことがわかった（**図 21.3**）。つまり，日本人は相手の感情を判断する際に，声の調子に自動的に注意を向けてしまう傾向が強

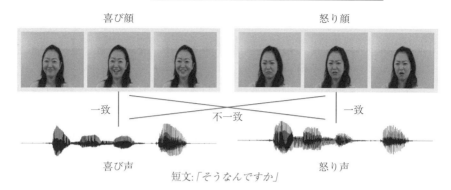

図21.2 Tanaka らの顔と声による感情認知の日蘭比較実験[4]で用いた刺激の例

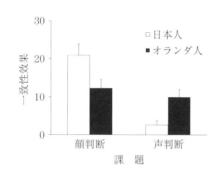

図21.3 Tanaka らの顔と声による感情認知の日蘭比較実験[4]の結果：
一致性効果は，（一致条件での正答率）－（不一致条件での正答率）で
算出しており，無視すべき情報からの影響の強さを示している。

いことが示されたといえる。この結果は**文化**によって五感の使い方のバランス
が異なることを示しており，興味深い。

21.4　感情認知の文化差はどのように生じるのか？

　ここまで二つの研究を取り上げて，感情認知の様式には顕著な文化差がある
ことが確認できた。では，こうした文化差はなにが原因で生じるのだろうか？

　じつは，文化を独立変数として設定する実験では，結果の解釈がとても難し
い。「文化」という概念はとても幅広く，それを構成する諸要因のうち，いっ
たいどの要因が実験結果に影響しているのかを明らかにすることが困難だから

である（なお，**文化心理学**ではまったく異なった捉え方をする）。以下ではこうした困難さを自覚しつつ，これら二つの研究結果の解釈を検討したい。

まずYukiらの研究結果であるが，著者らは「日本人（あるいは東洋人）は本心を隠す」「米国人（あるいは西洋人）は本心を伝える」という図式で説明している。目元の筋肉は随意的にコントロールしにくいため，偽ることが難しく，本心が表れやすいと考えられる。一方で，口元の筋肉は随意的にコントロールしやすいため，本心を強調して表現することもできる反面，真の感情を偽ることも可能である。こうした性質を踏まえると，日本人が相手の顔を見るときは本心を隠そうとしても表れてしまう目元に着目し，アメリカ人は感情が豊かに表現されうる口元に着目するのが理に適っているというわけだ。

つぎにTanakaらの研究結果であるが，いくつかの仮説が考えられる。Yukiらと同様の枠組みで解釈すれば，声は顔の表情と比べて随意的なコントロールが難しいため，日本人は相手の本心を知るために声に依存して感情を認知する傾向が高まるということになるだろう。また，世俗的には，日本人は会話中に相手を凝視しないといわれるが，これが正しければ，日本人は相手の顔をあまり見ないので声に依存して感情を認知する傾向が高まるとも解釈できる。あるいはNisbettらの文化心理学的理論[5]に基づけば，他者の感情を認知するときに中心的な情報（顔）のみならず周辺の文脈情報（声）にも自動的に注意を向けてしまうため，と解釈することもできる。もしかすると文化というより言語が影響している可能性もある。例えば，日本語には音の高低で区別される単語（例えば「飴」と「雨」）があり，これらを識別するために日本語話者は声の抑揚に敏感になり，結果として感情認知でも声を手がかりとする傾向が高まるという可能性もある。

21.5 おわりに：文化間比較研究から認知の普遍性と文化依存性に迫る

多くの実験心理学的研究や脳科学研究では，人間の認知機能の普遍性を仮定している。感情や表情認知の研究でも，Ekmanが主張してきた**基本感情**の普

遍性に関する考え方[6]が広く受け入れられてきた。しかし近年，本トピックで
紹介した研究のように，基本感情や表情認知の普遍性という考え方自体に疑問
が呈されつつある。従来の文化間比較では西洋 vs. 東洋という図式が多かった
が，最近は南米やアフリカの原住民を対象とした研究から，比較的低次の知覚
現象においても普遍性の再考を促すような知見が報告されている[7]。文化間比
較研究なくして，認知の生得性・普遍性と，文化による環境・学習要因の影響
について正しく理解することは難しい。多くの読者がこの問題に関心を持ち，
ともに答えを探してくれることを期待している。

引 用 文 献

1) Duchenne, G. B. (1990). In R. A. Cuthbertson (Ed. & Trans.), *The mechanism of human facial expression or an electro-physiological analysis of the expression of the emotions*. New York：Cambridge University Press. (Original work published 1862).

2) Yuki, M., Maddux, W. W., & Masuda, T. (2007). Are the windows to the soul the same in the East and West? Cultural differences in using the eyes and mouth as cues to recognize emotions in Japan and the United States. *Journal of Experimental Social Psychology, 43*, 303–311.

3) de Gelder, B., & Huis in't Veld, E. M. J. (2016). Cultural differences in emotional expressions and body language. In J. Chiao, S. –C. Li, R. Seligman, & R. Turner (Eds.), *The Oxford handbook of cultural neuroscience*. New York：Oxford University Press.

4) Tanaka, A., Koizumi, A., Imai, H., Hiramatsu, S., Hiramoto, E., & de Gelder., B. (2010). I feel your voice：Cultural differences in the multisensory perception of emotion. *Psychological Science, 21*, 1259–1262.

5) Nisbett, R. E., Peng, K., Choi, I., & Norenzayan, A. (2001). Culture and systems of thought：Holistic versus analytic cognition. *Psychological Review, 108*, 291–310.

6) Ekman, P. (1972). Universals and cultural differences in facial expressions of emotion. In J. Cole (Ed.), *Nebraska symposium on motivation, 1971* (pp. 207–282). Lincoln：University of Nebraska Press.

7) McDermott, J. H., Schultz, A. F., Undurraga, E. A., & Godoy, R. A. (2016). Indifference to dissonance in native Amazonians reveals cultural variation in music perception. *Nature, 535*, 547–550.

三つ子の魂百まで
― パーソナリティは変わらないのか？ ―

（井隼 経子）

　私たちの**パーソナリティ**は人によって異なる。怒りっぽい人，神経質な人など，さまざまなパーソナリティの人がいるが，こういった特性は一見すると生涯変化しないようにも見える。しかし，じつはそうではない。幼児期や青年期だけでなく，高齢期になってもなお，パーソナリティは変化し続ける。高齢期のパーソナリティの発達に関して，Kandler ら[1]は 2015 年，Journal of Personality and Social Psychology 誌 に "Patterns and sources of personality development in old age"（「老年期のパーソナリティ発達のパターンと起源」）というタイトルの研究成果を発表した。この中で彼らは，私たちのパーソナリティが生涯を通して発達していくものだということを示したのである（**図 22.1**）。

幼年期　　　　　　　　　　　老年期

図 22.1　パーソナリティの生涯発達：老年期になってもパーソナリティ特性（例えば外向性）が変わらない人もいれば（上枠），大きく変わる人もいる（下枠）。

22.1　パーソナリティの発達論

　発達というと，乳幼児が成長し，そして青年期を経て成人期へ成熟していくような，「大人になること」のイメージがあるかもしれない。しかし近年，私たちのこころは成人期から壮年期，そして高齢期に至るまで生涯を通して発達していると考えられている。特に高齢期には，社会活動からの引退，近親者の喪失，自身の身体的，精神的衰退など失うものが大きい[2]。こうした局面を迎える時期に，いかに充実した生活を送ることができるのかといった**サクセスフル・エイジング**という概念が注目されている[3]。

　サクセスフル・エイジングでは，高齢期の生活の質を向上させるため，余暇活動や社会との関わりなどから，生活満足度の検討が行われてきた。山田[2]は，老年期の余暇活動において，登山といった身体的な活動を行うグループよりも，精神的な活動である自分史を書いたグループのほうがサクセスフル・エイジングの程度が高いことを示した。この結果は，自己の過去や未来を見つめることで個人の精神的な発達を促したためであるという。これはパーソナリティ発達のほんの一例であるが，高齢者は身体的には衰退していくにもかかわらず，精神的には発達し続けているといえる。

　では，**ビッグファイブ**特性ではどうだろうか。ビッグファイブとは，神経症傾向，外向性，調和性，開放性，誠実性の五つの特性で説明されるパーソナリティ理論である[4]。私たちのパーソナリティは気分のように日々急変するというものではない。しかしながら，先に述べたサクセスフル・エイジングのように危機の克服や成熟といった要因を経て，それが緩やかに変化することはありうる。Kandler ら[1]はこのビッグファイブ理論と**ウェルビーイング**（心的・社会的に良好な状態）との関係を調べ，成熟によってパーソナリティが変化するのかどうかを検討した。

22.2　パーソナリティは変化するのか

　Kandler ら[1]は，**GOLD** というプロジェクトにて集められた双子の縦断調査を行った。調査協力者はビッグファイブと主観的統制感（自分自身が自分の内

部や周囲の人／環境などをコントロールできると信じる気持ち），**感情**強度（日常的な感情反応の強さ），およびウェルビーイングに関するアンケート調査に回答した。Kandler らは縦断的にデータを集めることによって，時間的なパーソナリティの変化を，そして，アンケート得点間の関係から現在のパーソナリティやパーソナリティの変化と幸福度との関係を調べようとしたのである。調査開始時，協力者たちの平均年齢は 71.32 歳であった。Kandler らはその 5 年後にも同様の調査を行い，71 歳時点と 76 歳時点の 2 点のデータを用いて分析を行った。

　調査結果から，高齢期の人々は，青年期や中年期と比べて逆の発達をすることがわかった。Roberts ら[5]のメタ分析によれば，20〜40 歳の若年成人では外向性，調和性，感情の安定性が増していくようである。また，特に青年期には社会的活力や開放性が高まる傾向にある。しかしながら，老年期には社会的活力や開放性は低下していくことが示されている。Kandler らの研究においても，高齢になると，ネガティブな感情や神経症傾向が増え，ポジティブな感情や外向性は減少してしまう。一方，感情強度やウェルビーイングの平均的なレベルは変化しなかった。また，調査結果から，この 5 年間でのパーソナリティ特性の変動の個人差が大きいこともわかった。つまり，ビッグファイブの五つの特性が安定してほとんど変わらない人もいれば，ガラリと変わる人もいたのである。この傾向は，高齢期特有のものであった。

　では，このような変化はなにが原因で起こるのだろうか。Kandler らの研究では双子のデータを用いていたため，彼らは遺伝と環境の影響についても調べることができた。多くの先行研究では，パーソナリティ特性の変動の個人差は，おもに遺伝の要因によって決まりやすいことが示唆されてきた[6]。しかしながら，高齢者に限っては環境要因の影響のほうが大きかったのである。つまり，年をとってからのパーソナリティの変化はまさに，その人がいかに生きてきたかが大きく関わっているのである。

22.3　パーソナリティはウェルビーイングと関係するのか

　パーソナリティとウェルビーイングとの関係はどのようなものだろうか。Kandler らの研究では，パーソナリティはウェルビーイングに影響を与えていたが，一方でウェルビーイングはパーソナリティには影響を与えてはいなかった。つまり，どんなに現在幸せな生活を送っていても，それが外向的な人間になることや，情緒不安定性を解消する要因にはならないのである。しかしながら，現在幸せかどうかということは，自分自身のパーソナリティしだいで決まるところが大きいことも明らかになった。幸福感を得るためには，自身のパーソナリティを変えることができればよいだろう。それは一日二日でできるようなものではないが，継続して努力することで，自分の望むパーソナリティへと変えることは不可能ではない[7]。

22.4　おわりに：パーソナリティは変化する

　誰しも自分のパーソナリティを変えたいといった思いを抱くことはあるだろうが，多くの研究から私たちのパーソナリティはかなり安定しており，簡単に変化しづらいものであることが示唆されている。しかし，高齢となっても自分のパーソナリティを変えることはできる。それは，遺伝的な要因だけでなく，自分が成熟していける環境を作り出せるかどうかという環境的な要因もパーソナリティに大きく関わってくるからである。老後に自分のパーソナリティを変えたいと思ったら，新しい趣味を始めてみたり，新たなサークルやボランティア活動に参加してみたりなど，新たな生活習慣や人間関係を築くことを試みると良いかもしれない。

引　用　文　献

1 ）Kandler, C., Kornadt, A. E., Hagemeyer, B., & Neyer, F. J. (2015). Patterns and sources of personality development in old age. *Journal of Personality and Social Psychology, 109,* 175–191.

2 ）山田　典子（2000）．老年期における余暇活動の型と生活満足度・心理社会的発達の関連　発達心理学研究, *11,* 34–44.

3) Rowe, J. W., & Kahn, R. L. (1987). Human aging : Usual and successful. *Science, 237*, 143–149.
4) Norman, W. T. (1963). Toward an adequate taxonomy of personality attribute : Replicated factor structures in peer nomination personality ratings. *Journal of Abnormal and Social Psychology, 66*, 574–583.
5) Roberts, B. W., & DelVecchio, W. F. (2000). The rank–order consistency of personality traits from childhood to old age : A quantitative review of longitudinal studies. *Psychological Bulletin, 126*, 3–25.
6) Caspi, A., Roberts, B. W., & Shiner, R. L. (2005). Personality development : Stability and change. *Annual Review of Psychology, 56*, 453–484.
7) Hudson, N. W., & Fraley, R. C. (2015). Volitional personality trait change : Can people choose to change their personality traits? *Journal of Personality and Social Psychology, 109*, 490–507.

コーヒーブレーク：レジリエンス

　人の一生には，良いこともあれば嫌なことも多くある。私たちがクオリティ・オブ・ライフ（QOL）を高い水準で保ち続け，高齢期に至るまでのサクセスフル・エイジングをなすためにはなにが必要だろうか。その一つは，嫌な出来事が原因となって起こる精神的ダメージから回復する力を持つことだろう。精神的ダメージを受けたとしても，私たちは特に治療やカウンセリングを受けなくても元の健康な状態に戻ることができる。このように精神的に回復する力をレジリエンスという（**図 CB.2**）。ではレジリエンスとは具体的にどのようなものなのだろうか。アメリカ心理学会の定義では，「逆境，トラウマ，悲惨な状況，脅威やストレスなど，重大な原因に直面したとき，うまく適応していく過程」であるとされている[1]。これを見ればわかるように，レジリエンスは自らの置かれる状況に合わせてこころを柔軟に変化させる仕組みであるといえる。高齢期の QOL やサクセスフル・エイジングに対し，レジリエンスがストレス防御因子として重要な役割を果たしていることも知られている[2]。

　では，レジリエンスがうまく働くためにはどのようにあるべきなのだろうか。レジリエンスが高い人とはどのような人なのかを考えると自ずと答えが見えてくる。レジリエンスが高い人は，レジリエンスを働かせるための「資源」を多く

図 CB.2 レジリエンスのイメージ図：レジリエンスが高い人
ほど早く，大きく回復しやすい。

持っており，それをうまく活用しているのである[3]。では，「資源」とはなんだ
ろうか。簡単にいえば，私たちのパーソナリティと人間関係である。楽観的で
あったり，自己効力感があったり，新奇性を追求することが好きだったりといっ
た私たちのパーソナリティがレジリエンスに大きく関わってくるのである。ま
た，社会との積極的な関わりやソーシャルサポートも資源の一つである。このよ
うに，トピック 22 でも述べたように，私たちがどのような老後を送るのかは，
私たちがどのような「資源」を獲得していくかということに大きく依存している
といえるのである。

引 用 文 献

1 ） American Psychological Association.（2015）. The road to resilience.
American Psychological Association. Retrieved from http://www.apa.org/
helpcenter/road-resilience.aspx（January 30, 2017）

2 ） Ong, A. D., Bergeman, C. S., Bisconti, T. L., & Wallace, K. A.（2006）.
Psychological resilience, positive emotions, and successful adaptation to
stress in later life. *Journal of Personality and Social Psychology, 91*, 730–
749.

3 ） 井隼 経子・中村 知靖（2008）. 資源の認知と活用を考慮したレジリエンス
の 4 側面を測定する 4 つの尺度　パーソナリティ研究, *17*, 39–49.

わかっていても止められない
― ギャンブルにはまる心理と脳のメカニズム ―

（井隼 経子）

　一度 UFO キャッチャーを始めると，景品が獲れるまで延々とやり続けてしまい，気づけば恐ろしい金額をつぎ込んでいたという経験に心当たりがある人もいるだろう。私たちはなぜギャンブルにはまるのだろうか。また，なぜギャンブルを止めることができない人がいるのだろうか。そのヒントになりそうなのが，私たちの**パーソナリティ**の違いである。Savage ら[1] は 2014 年に発表した "Personality and gambling involvement：A person-centered approach"（「パーソナリティとギャンブル行動との関係：人を中心としたアプローチ」）[1] という論文の中で大規模な調査を行い，個人差の観点からギャンブル行動にはまる人の特徴について報告した。

23.1　ギャンブル依存症とパーソナリティ

　競馬，競輪，スロットなどといったギャンブルは，適度に行うのであれば気晴らしになることがあるだろう（**図 23.1**）。しかし，熱中しすぎるとアルコールやタバコと同様に依存症に陥ってしまう。このような過度なギャンブルへの依存は，アメリカ精神医学会の診断基準である **DSM–5** において**ギャンブル依存症**として精神障害の一つに分類されている。従来の研究では，低学歴層や低所得者層がギャンブル依存症に陥りやすいとされてきた[2]。しかし，こうした社会経済的なもの以外にもギャンブル依存に影響する要因があることが知られ

図 23.1　ギャンブル行動の例

ている。その一つがパーソナリティである。

　では，ギャンブル依存症に関係するパーソナリティとはどのようなものだろうか。例えば，刺激的な出来事を好む**刺激欲求性**が強い人や，自らの行動を外からの影響ではなく自分自身でコントロールできると考えている人はギャンブル依存傾向が高いことがわかっている[3]。また，不安が強い人もギャンブル依存に陥りやすいようである[4]。しかも，これらは男性のみに見られる傾向であり，女性には見られないという。

　ほかにも，ギャンブル依存症ほどの深刻な状態には達していない人々を対象に，ギャンブル行動とパーソナリティとの関係性を調べた研究は多い[5],[6]。例えば，競馬を好む人ほど刺激欲求の傾向が強いことが示されている[5]。しかし，これらの研究はある特定の種類のギャンブル（スポーツ賭博，スロット，宝くじ，競馬など）とパーソナリティとの関係性を検討しており，知見がギャンブル全体に一般化されてはいなかった[1]。また，宝くじに関しては，パーソナリティを五つの特性で特徴づけている**ビッグファイブ**のうち，高い外向性や低い調和性が関係するという研究結果[7]が得られた一方で，どの特性とも統計的に有意な関係が示されなかったとする研究結果もある[8]。なぜこのような研究間の不一致が生じたのだろうか。一つの理由として，なんらかのまだ見ぬ重要な要因が統制されていなかった可能性が考えられた。そこで Savage らはギャンブルを個別に扱うのではなく，「ギャンブルに対する戦略」という新しい観点からパーソナリティとの関連を調べ，この問題の解決を図った。

23.2　ギャンブルのやり方とパーソナリティ

　ギャンブルを行う人の特徴はいくつかのグループに分けることができると考えられた[1]。そこで，10 種類のギャンブル（スロット，競馬，宝くじ，テーブルゲーム，ビリヤードなど）のうち，どのギャンブルをどの程度行ったことがあるかが調べられた。また，一般的なパーソナリティ項目に加え，刺激欲求性や**呪術思考**が測定された。ギャンブルを好む傾向のある人は概してスリルや刺激などを好む傾向があり，「宝くじを買うならば午前中が良い」といったよう

な験担ぎを行ったり迷信を信じたりしやすいと考えられたためである。これら
のアンケート結果とギャンブル行動との関係から，総合的にギャンブルとパー
ソナリティとの関連性が検討された。

23.3　パーソナリティによってギャンブル行動は異なる

10 種類のギャンブルの頻度についての調査結果から，ギャンブルを行う人々
は四つのグループに分類できることがわかった（**表 23.1**）。一つ目は「広汎グ
ループ」である。このグループの人々はどのギャンブルも高い頻度で行ってい
た。二つ目は，「非戦略的グループ」で，宝くじ，スロット，ビンゴなど広汎
グループのつぎに多いギャンブルの経験があった。三つ目の「戦略的グルー
プ」は，競馬，スポーツ賭博，カード，ビリヤードなどへの参加が多い人々で
あった。最後は，宝くじやスクラッチカードだけを行う「宝くじグループ」で
あった。これはギャンブル行動が非常に少ない人々のグループであるが，70％
がスクラッチカードを利用し，90％が宝くじを買っていた。

それでは各グループ間ではどのような違いが見られたのだろうか。例えば，
広汎グループと非戦略的グループはどちらも多くのギャンブル行動を示してい

表 23.1　ギャンブル行為を行う人のグループとその特徴

グループ	特徴的なゲーム	パーソナリティ特徴	参加者属性
広汎 （7.1％）	宝くじ，スクラッチ，スロットマシン，競馬，キノ，テーブルゲーム，カードゲーム，スポーツ賭博	ネガティブな情動性，高刺激欲求，制約的でない，呪術思考的，攻撃性が高い，疎外感が強い	男性が多い，低学歴，低収入，正規雇用，ギャンブル依存症が最も多い
非戦略的 （20.8％）	宝くじ，スロットマシン，ビンゴ	ややネガティブな情動性，刺激欲求的，特に脱抑制的，呪術思考的	女性が多い，低学歴，低収入
戦略的 （11.6％）	競馬，スポーツ賭博，カード，ビリヤード	ポジティブな情動性，社会的影響力が高い，高刺激欲求，攻撃性が高い，制約的でない，呪術思考的でない，社会的将来感，達成感，退屈感，スリル，冒険を求める	男性が多い，高学歴，高収入，正規雇用
宝くじ （38.1％）	宝くじ，スクラッチ	どのパーソナリティにおいても平均的，攻撃的，刺激欲求性がやや低い，やや脱抑制的	平均的な人，女性（専業主婦）が多い

注）（　）内は全体に占める人数の割合を示す。残り 22.4％はギャンブルをほとんど，も
しくはまったくしない人たちである。

たが，そのパーソナリティ特性は異なっていた。広汎グループは非戦略的グループと比べてとても刺激欲求性が高く，行動を抑制できない傾向があった。

　また，非戦略的グループと戦略的グループの人々では，参加者属性や好みのギャンブルの種類が大きく異なっていた。前者は女性が多く，運まかせの賭け事を好み，後者は男性が多く，頭脳を使う賭け事を好んでいた。運まかせの賭け事を好む人々がストレス解消のためにギャンブルを行うのに対し，頭脳を使う賭け事を好む人々は退屈しのぎやスリルを求めて行うといわれている[9]。

　従来の研究はこういったパーソナリティや属性の違いを考慮せずに調査・分析を行っていたために知見が一致しにくかった。しかし，Savage らの研究によって，そのパーソナリティや属性の違いこそがギャンブル行動を説明する要因であることが明らかになったのである。

23.4　ギャンブル行動とパーソナリティ特性とをつなぐ脳

　ここまで，ギャンブル行動とパーソナリティ特性との関係をみてきたが，これに脳はどのように関わるのだろうか。Savage らの研究の四つのグループにおいて，ギャンブル行動自体に共通して関わっていたのは刺激欲求性であった。刺激欲求性は**認知**的制御に関連する**中前頭回**という脳領域における皮質厚と正の相関を示しており[10]，同様にギャンブル依存者は健常者よりも中前頭回の**灰白質**体積が大きいことも示されている[11]。また，ギャンブル行動と関連するビッグファイブ特性として神経症傾向，調和性，誠実性が挙げられているが[6]，そのうち神経症傾向と誠実性に関しては中前頭回との関連性が認められている[12]。このように，認知的制御に関する中前頭回がギャンブル行動とパーソナリティ特性を結び付けるヒントになるようだ。

23.5　ギャンブル行動と遺伝的要因

　さらに，ギャンブル行動には遺伝の影響も認められた。Savage らの調査[1]には，オーストラリアの成人双子 4764 名が参加していた。双子が調査対象にされたのは，パーソナリティやギャンブル行動に遺伝の影響があるかどうかを調

べるためであった。パーソナリティは環境だけでなく遺伝の影響も受ける[13]。もし，ギャンブル行動に遺伝が強く影響しているのであれば，同一の遺伝情報を持つ一卵性双生児は同じような傾向を示しやすいと考えられた。

　その結果，参加者を一卵性と二卵性の双子に分けてみてみると，二卵性双生児のペアよりも一卵性双生児のペアのほうが，二人が同じギャンブルグループに分類されることが多かった。つまり，ギャンブル行動は部分的には遺伝的要因によって決定されることが示唆された。

23.6　おわりに：パーソナリティによって決まる行動

　私たちのさまざまな行動は，パーソナリティによって決定づけられている。神経症傾向や誠実性[14]といった特性だけでなく，奔放な性生活や危険運転，精神障害[15]，学習到達度や離婚，長寿かどうかといったことまで[16]パーソナリティによって予測できる。それと同様にギャンブル行動もパーソナリティによって決まっていることがわかった。しかも，どんな目的で，どのような戦略でギャンブルを行うのかということまでもパーソナリティによって異なるのである。つまり，ギャンブルはあなたのパーソナリティを映し出す鏡のようであるともいえる。あなたがどのようなギャンブルにはまりやすいかを考えてみれば，それは自分のパーソナリティを見つめ直す良い機会にもなるだろう。

引 用 文 献

1 ）Savage, J. E., Slutske, W. S., & Martin, N. G. (2014). Personality and gambling involvement：A person–centered approach. *Psychology of Addictive Behaviors, 28*, 1198–1211.

2 ）Raylu, N., & Oei, T. P. (2002). Pathological gambling：A comprehensive review. *Clinical Psychology Review, 22*, 1009–1061.

3 ）Lee, W. Y., Kwak, D. H., Lim, C., Pedersen, P. M., & Miloch, K. S. (2011). Effects of personality and gender on fantasy sports game participation：The moderating role of perceived knowledge. *Journal of Gambling Studies, 27*, 427–441.

4 ）Perty, N. M., Stinson, F. S., & Grant, B. F. (2005). Comorbidity of DSM–Ⅳ pathological gambling and other psychiatric disorders：Results from the

national epidemiologic survey on alcohol and related conditions. *Journal of Clinical Psychiatry, 66*, 564–574.

5 ）Coventry, K. R., & Brown, R. I. F.（1993）. Sensation seeking, gambling and gambling addictions. *Addiction, 88*, 541–554.

6 ）Brunborg, G. S., Hanss, D., Mentzoni, R. A., Molde, H., & Pallesen, S.（2016）. Problem gambling and the five–factor model of personality：A large population–based study. *Addiction, 111*, 1428–1435.

7 ）George, B.（2002）. The relationship between lottery ticket and scratch–card buying behaviour, personality and other compulsive behaviours. *Journal of Consumer Behaviour, 2*, 7–22.

8 ）Mowen, J. C., Fang, X., & Scott, K.（2009）. A hierarchical model approach for identifying the trait antecedents of general gambling propensity and of four gambling–related genres. *Journal of Business Research, 62*, 1262–1268.

9 ）Sharpe, L.（2002）. A reformulated cognitive–behavioral model of problem gambling：A biopsychosocial perspective. *Clinical Psychology Review, 22*, 1–25.

10）Holmes, A. J., Hollinshead, M. O., Roffman, J. L., Smoller, J. W., & Buckner, R. L.（2016）. Individual differences in cognitive control circuit anatomy link sensation seeking, impulsivity, and substance use. *The Journal of Neuroscience, 36*, 4038–4049.

11）Koehler, S., Hasselmann, E., Wüstenberg, T., Heinz, A., & Romanczuk–Seiferth, N.（2015）. Higher volume of ventral striatum and right prefrontal cortex in pathological gambling. *Brain Structure and Function, 220*, 469–477.

12）Kunisato, Y., Okamoto, Y., Okada, G., Aoyama, S., Nishiyama, Y., Onoda, K., & Yamawaki, S.（2011）. Personality traits and the amplitude of spontaneous low–frequency oscillations during resting state. *Neuroscience Letters, 492*, 109–113.

13）Eysenck, H. J.（1963）. Biological basis of personality. *Nature, 199*, 1031–1034.

14）Norman, W. T.（1963）. Toward an adequate taxonomy of personality attributes：Replicated factor structure in peer nomination personality ratings. *Journal of Abnormal and Social Psychology, 66*, 574–583.

15）Krueger, R. F., Caspi, A., & Moffitt, T. E.（2000）. Epidemiological personology：The unifying role of personality in population–based research on problem behaviors. *Journal of Personality, 68*, 967–998.

16）Roberts, B. W., Kuncel, N. R., Shiner, R., Caspi, A., & Goldberg, L. R.（2007）. The power of personality：The comparative validity of personality traits, socioeconomic status, and cognitive ability for predicting important life outcomes. *Perspectives on Psychological Science, 2*, 313–345.

脳を見れば能力がわかる？
― 脳構造画像解析による脳相学 ―

（荒牧　勇）

　「脳の形や脳部位の大きさを見れば，その人の能力を評価できる。」こんなことを聞くと，疑似科学の代表格とされる**骨相学**を連想するかもしれない。しかし，頭蓋骨から脳の形を想像するしかなかった 200 年前と違い，現代では脳の形どころかその内部構造まで詳細に画像化できる。本トピックは，脳計測・解析技術の進展によって芽生えてきた，個人の脳構造と能力・個性の関係を探る「脳相学」ともいえる研究の可能性を紹介する。

24.1　MRI による計測と VBM による解析

　脳画像計測技術が飛躍的に進歩した現代では，生きた人の脳の形態や内部構造を **MRI**（**磁気共鳴画像法**）で詳細に見ることができる。この MRI は脳の画像診断法の一つとして普及しており，例えば**アルツハイマー病**のように，**記憶**機能に重要な**海馬**の萎縮を目で確認することができる。

　その一方で，健常な人の脳画像は，人により脳の形や大きさがさまざまであるため，目で見ただけではその個人差はよくわからない。しかし，脳の機能とそれによって発揮される能力や個性には大きな個人差がある。また，特定の脳機能は特定の脳部位に局在している（**脳の機能局在**）。これらを考え合わせると，特定の機能を担う脳部位の構造を詳細に解析すれば，能力や個性の個人差を脳構造の観点から説明できるかもしれない。

　そこで開発された脳画像解析技術が **VBM**[1]である。VBM を用いれば，人により形も大きさも違う脳の構造画像を客観的かつ定量的に解析できる。これにより異なる群間（例：若年者と高齢者）の脳構造の差や，心理学的指標（例：**認知**課題の成績や運動パフォーマンスなどの個人差）と脳構造の相関関係を調べることが可能になった。

　VBM の手順[2]を以下に簡単に説明する（**図 24.1**）。まず，MRI で計測した

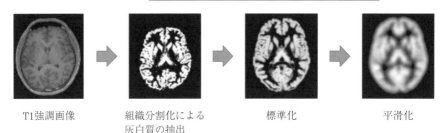

T1強調画像　　　組織分割化による　　　標準化　　　平滑化
　　　　　　　　灰白質の抽出

図 24.1　VBM 解析の統計前下処理の流れの概略図

解像度 1 mm 以下の**T1 強調画像**を，画像輝度に基づいて，**灰白質**画像，**白質**画像，その他の画像（脳脊髄液画像や頭蓋骨画像など）に「組織分割化」する。このうち灰白質画像は，神経細胞体が存在する脳表面や溝に沿って存在する薄い層や脳深部の神経核などを含んでいる。VBM ではおもにこの灰白質画像を解析する。

　つぎに，組織分割化した画像を変形して，国際的に定められた脳形態に対して各個人の脳形態を合わせこむ「標準化」を行う。脳の小さい人の画像はテンプレートに合うように膨らませ，脳の大きな人は縮める。標準化の結果，各個人の脳形態は同じになるので，実験の参加者全員分をまとめた統計処理が可能になる。

　最後にノイズの軽減のため，標準化された灰白質画像を空間的に平滑化し，統計解析のための下処理が終了する。

　統計解析では，研究の目的に応じて，異なる 2 群間の脳構造の差や，心理学的指標と脳構造の関係を表現する**一般線形モデル**を作成し，その差や相関が統計的に有意かどうかの検定を行う。その際には，もともとの頭の大きさが結果に影響しないように，灰白質の総量や，全脳の容量で補正を行う。これは，脳の大きさやある脳部位の絶対量が重要なのではなく，脳全体における局所の脳部位の割合こそが重要だという仮定に基づいている。

24.2　能力や個性は脳構造に表れる

VBM 解析により，特定の集団や個人が持つ能力や個性を支える神経基盤を

特定することができる。

　例えば，Maguire らは，ロンドンの複雑な地理の中で業務を行うタクシー運転手は，ナビゲーション能力に関連する脳部位が構造的に発達しているはずだと考えて，タクシー運転手 16 名と対照群 50 名の脳構造画像を比較した[3]。

　その結果，記憶に関連する海馬（**図 24.2**（a））の灰白質容積にタクシー運転手の特徴が見つかった。タクシー運転手では，過去に学んだ空間情報に関連する海馬後部の灰白質容積が対照群よりも大きいことがわかった（図 24.2（b））。すなわち，タクシー運転手としての職業を遂行するのに必要な能力は海馬後部の構造的な発達に支えられているといえる。

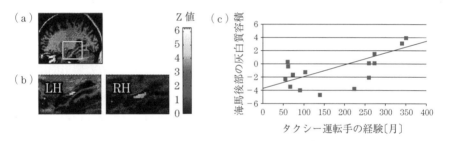

図 24.2　（a）四角の枠の中の斜めに走る構造体が海馬。（b）タクシー運転手のほうが対照群より灰白質容積が多い海馬後部（LH は左側海馬，RH は右側海馬）。（c）タクシー運転手経験月数と海馬後部の灰白質容積（0 を平均とする相対値として表示）の相関関係。（許諾を得て，引用文献[3]を改変　©2000 National Academy of Science, U.S.A）

　また，海馬後部の灰白質容積とタクシー運転手としての経験年数の間には正の相関関係があった。すなわち，ベテラン運転手であるほど海馬後部が発達していることが明らかとなった（図 24.2（c））。

　この Maguire らの研究によって，専門的な知識や技能を持つ人は，それを支える脳機能を司る脳構造が発達していること，また，経験により脳構造が変化することが示され，その後の VBM 研究の火付け役となった。現在までに，テレビゲームのアクションゲームがうまい人は**後頭頂野**が発達しているという報告[4]や，実社会と Facebook で友達が多い人は**扁桃体**が発達しているという報告[5]など，能力や個性と脳構造の関係を示すユニークな内容の VBM 研究が

盛んに行われている。

24.3　努力すれば脳構造も変わる

　能力や個性に関係する脳構造の特徴的な発達は，生まれつきのものなのか，それとも努力や経験で変化するものなのか？

　前節の Maguire らのタクシー運転手の研究の結果は，タクシー運転手の特徴的な脳構造を示してはいるものの，もともと海馬後部が大きかった人がタクシー運転手になることができたのか，それとも，タクシー運転手の経験によって，海馬後部が発達したのかはわからない。また，海馬後部の灰白質容積と経験年数との間に相関関係があったという結果についても，もともと海馬が大きい人が運転手という職業を長く続けることができただけなのかもしれない。訓練や経験によって脳が発達することを示すには，同じ実験の参加者の脳構造の変化を時間軸に沿って追う，縦断的研究を行うしかない。

　そこで Woollett と Maguire は，タクシー運転手になるための訓練をする研修生の脳構造の変化を追跡した[6]。まず，タクシー運転手の研修生 79 名について，研修開始前の脳構造画像を計測した。3〜4 年後に 2 回目の脳構造画像の計測をしたが，その計測には，正式なタクシー運転手になることができた人39 名と，残念ながらなれなかった 40 名のうち 20 名が参加した。また，研修をまったく受けなかった人 20 名の脳画像も対照群として同様に 2 回計測した。

　その結果，**図 24.3** に示すように研修に合格して正式なタクシー運転手になることができた群では，1 回目の計測時よりも，3，4 年後の 2 回目の計測時のほうが，海馬後部の灰白質容積が増加していた。一方，運転手になれなかった群と対照群では海馬後部の灰白質容積は変化していなかった。また，研修開始前 1 回目の計測時点では，どの群も海馬後部の容積に差はなかった。

　以上の結果から，タクシー運転手になった人たちの海馬後部の灰白質容積は生まれつき大きかったわけではなく，ロンドンの地理に関する膨大な知識を獲得することによって構造的に発達したことが示された。

　努力や経験により脳構造が変化するという報告はほかにも多数ある。例え

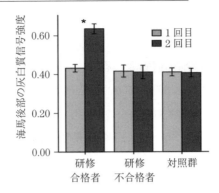

図24.3　計測1回目と2回目の海馬後部の灰白質信号強度：研修合格者のみ
海馬後部の容積が増加した。（文献[3] Fig3. を日本語に改変）

ば，May らの研究グループは，ジャグリングの訓練をすると，物体の動きを
検出するための **MT/V5**（5次視覚野）の灰白質容積が増えることを報告して
いる[7]。さらに同研究グループは，高齢者でも同様のジャグリングのトレーニ
ングで同じように MT/V5 が増加することも報告した[8]。これらの研究によっ
て，特定の課題を訓練すると，その課題遂行のために重要な機能を司る脳部位
の構造が発達すること，さらには，脳が衰えていくと考えられる高齢者であっ
ても訓練により脳構造が発達することが示唆された。

　また Erickson らは，高齢者に1年間軽い有酸素運動を行わせたところ，普
通は加齢により年間1〜2%減少していく海馬の灰白質容積が逆に増加するこ
と，また記憶テストの成績も向上することを報告した[9]。この研究によって，
運動が認知機能と脳構造に及ぼす効果が示された。

　こうした VBM を用いた縦断的研究の結果は，脳の構造は固定・不変のもの
ではなく，特定の訓練や経験，知識の蓄積により柔軟に変化することを示して
いる。

24.4　おわりに

　本トピックでは，VBM を用いて脳構造画像を解析した研究の解説を通じて，
特定の脳部位の灰白質容積が私たちの能力や個性，経験を表す指標となりうる

ことを紹介した。

こうした研究成果が蓄積されていけば，将来的には，自分にはどんな才能が
あるかを脳構造画像から判定するシステムを作ることもできるだろうし，自分
の脳画像を定期的に計測して，なりたい脳に向けて「脳をデザインする」とい
うことも可能になるかもしれない。

引 用 文 献

1 ）Ashburner, J., & Friston, K. J. (2000). Voxel-based morphometry―the methods. *Neuroimage, 11*, 805–821.

2 ）Functional Imaging Laboratory. (2016). *SPM12 Manual.* Retrievd from http://www.fil.ion.ucl.ac.uk/spm/doc/manual.pdf (March 20, 2017)

3 ）Maguire, E. A., Gadian, D. G., Johnsrude, I. S., Good, C. D., Ashburner, J., Frackowiak, R. S., & Frith, C. D. (2000). Navigation-related structural change in the hippocampi of taxi drivers. *Proceedings of the National Academy of Sciences of the United States of America, 97*, 4398–4403.

4 ）Tanaka, S., Ikeda, H., Kasahara, K., Kato, R., Tsubomi, H., Sugawara, S. K.,... Watanabe, K. (2013). Larger right posterior parietal volume in action video game experts : A behavioral and voxel-based morphometry (VBM)study. *PLOS ONE, 8*, e66998.

5 ）Kanai, R., Bahrami, B., Roylance, R., & Rees, G. (2012). Online social network size is reflected in human brain structure. *Proceeding of the Royal Society B : Biological Sciences, 279*, 1327–1334.

6 ）Woollett, K., & Maguire, E. A. (2011). Acquiring "the Knowledge" of London's layout drives structural brain changes. *Current Biology, 21*, 2109–2114.

7 ）Draganski, B., Gaser, C., Busch, V., Schuierer, G., Bogdahn, U., & May, A. (2004). Neuroplasticity : Changes in grey matter induced by training. *Nature, 427*, 311–312.

8 ）Boyke, J., Driemeyer, J., Gaser, C., Buchel, C., & May, A. (2008). Training-induced brain structure changes in the elderly. *The Journal of Neuroscience, 28*, 7031–7035.

9 ）Erickson, K. I., Voss, M. W., Prakash, R. S., Basak, C., Szabo, A., Chaddock, L., & Kramer, A. F. (2011). Exercise training increases size of hippocampus and improves memory. *Proceedings of the National Academy of Sciences of the United States of America, 108*, 3017–3022.

いま，なに見てる？　あなたの頭の中をのぞけます
— 脳情報のデコーディング：脳活動からこころを可視化する技術 —

（宮脇　陽一）

　あなたの隣人がなにを見ているのか，感じているのか，考えているのか，知りたいと思ったことはないだろうか。感覚や知覚，**思考**は個人的な体験であり，他人が見ることはできない。でも見えないといわれると見たくなるのが人情である。こんな人情に応えてしまうかもしれない技術が，**脳情報デコーディング**である。

　脳情報デコーディングは，脳の中での感覚や知覚，思考などの情報がどのように表現されているのかを解明することにも大いに役立つ技術である。脳情報デコーディングによって，脳の中で情報がどう表現されているのかを理解するとともに，その情報を読み出すことができるようになるのである。

　本トピックでは，日常的な体験である「見る」ことに関連した脳情報デコーディングの研究例を紹介しつつ，脳情報デコーディングで実現されるかもしれない未来の日常を考えてみよう。

25.1　「なに見てる」の手がかりは脳活動パターンに現れる

　日常的には「人は眼でものを見ている」といわれることが多いが，じつのところ，ものの視覚的認識には脳の果たす役割がきわめて大きい。眼球から入った光は網膜の視細胞で電気信号に変換され，その電気信号は視神経を伝わって後頭部にある視覚野に到達する。視覚野にある神経細胞は，その電気信号を受け取り活動する。その活動の結果は，より複雑な処理をするほかの神経細胞に送られ，つぎの活動を引き起こす。これら一連の処理の過程において，見たものがなにであるかが認識されることになる。

　脳の活動によって視覚的な認識がなされるのであれば，見る対象が変われば脳の活動も変化するはずである。例えば，**機能的磁気共鳴画像法（fMRI）**を用いて画像観察時の脳活動を計測すると，観察する画像の変化に応じて活動する脳部位が変わり，生じる脳活動パターンが変化する（**図 25.1**）[1)~3)]。すなわち，私た

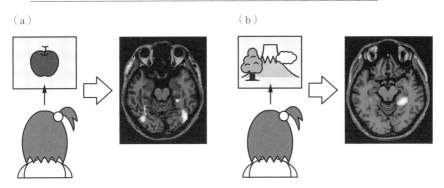

図 25.1　見るものに応じて脳活動パターンは変わる：（a）物体画像を見たときに強く活動する脳部位の例。（b）風景画像を見たときに強く活動する脳部位の例。

ちが見ている対象の情報は，脳活動パターンの変化として計測可能なのである。

25.2　脳活動パターンから「なに見てる」を予測する

　見ている対象に応じて脳活動パターンが変化するのだから，この両者の対応関係をなんらかの方法で求めてやれば，脳活動パターンから見ている対象を予測できそうである。このように，脳活動パターンに表現されている情報を読み出す技術のことを脳情報デコーディングと呼ぶ。

　脳情報デコーディングの代表的な方法は，脳活動のパターン分類を利用するものである。あなたの見た画像がバナナかリンゴかを脳活動パターンから予測するという例で考えよう（**図 25.2**）。まず，バナナの画像とリンゴの画像をあなたに見てもらい，その際の脳活動パターンを fMRI で計測する。脳全体のfMRI 信号は，通常 10 万か所以上の異なる位置の脳活動信号の集合から成り立っているのだが，いまは簡単のため，2 か所のみの信号を使うとしよう。それぞれの画像に対応する脳活動パターンを何度か計測し，得られた結果を基にバナナとリンゴの脳活動を区別するための境界線を引く。つぎに，新しい（境界線を引くのに使ったのとは別の）脳活動パターンが境界線のどちら側になるのかを調べると，この新しい脳活動パターンに対応する画像がバナナであったかリンゴであったかを予測できる。このような手順で，脳活動パターンからあ

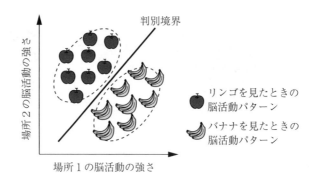

図 25.2　脳活動パターンの分類の例

なたが見ていた画像を当てることができてしまうのである。

　この技術を用いることにより，Cox と Savoy は実験の参加者が見ている物体カテゴリが 10 個の候補のうちどれであるかを，物体画像に反応する視覚野の fMRI 信号から高精度で予測することに成功した[4]。

　脳情報デコーディングを用いると，fMRI 信号からは読み取ることができないと従来思われていた細かな情報ですら読み取ることができる。網膜で生じた電気活動が最初に届く視覚野の部分は**一次視覚野**と呼ばれる。ここには見ている対象を細かな線の集合に分解し，それぞれの線の傾きに対して反応する神経細胞がある。一次視覚野の中では同じ傾きに反応する神経細胞どうしが寄り集まっており，この構造のことを**方位選択性コラム**と呼ぶ。方位選択性コラムの幅は約 500 μm ほどといわれており，fMRI の空間分解能（典型的には 3 × 3 × 3 mm）よりはるかに小さいので，fMRI 信号からは方位（線の傾き）の情報は読み取ることができないはずである。しかし，Kamitani と Tong は脳情報デコーディングを用いて fMRI 信号パターンの微妙な変化を解析し，人が見ている画像の方位を高い正答率で予測できることを示した[5]。この結果は，脳情報デコーディングによって fMRI の解像度より細かな部分に含まれる情報をも読み取ることができることを示すと同時に，これまで動物実験でしか証明されていなかった方位選択性が人の視覚野にも存在することを示すものとして大きな注目を集めた。

25.3　「なに見てる」をそのまま画像化：視覚像再構成

　脳情報デコーディングは，その強力さゆえ，現在もなお新しい実験が行われ，多くの発見を導く原動力となっている。

　しかしながらこの手法には，予測する画像に対する脳活動パターンをあらかじめ計測しておく必要があるという原理的な限界がある。バナナとリンゴの実験を例として再び考えてみよう。脳活動パターンを分類するために引いた境界は，バナナとリンゴを見分ける「だけ」のためのものである。したがって，もしブドウを見たときの脳活動パターンを新たに計測したとしても，その脳活動パターンからブドウを見ていたことを予測することは不可能なのである。

　この限界を突破し，どのような画像を見ていたとしても，脳活動パターンから見ていた画像を予測する手法が**視覚像再構成**である。視覚像再構成の最大の特徴は，計測した脳活動パターンがあらかじめ実験で用いた画像のどれに対応するのかを判別するのではなく，人が見た画像を脳活動からそのまま画像化するところにある。すなわち，ブドウを見たときの脳活動を元にして，その人が見ていたブドウの画像そのものを可視化できるのである。

　視覚像再構成を実現するため，Miyawaki らは画像を小領域に分割し，その小領域の状態を脳活動から並列に予測し，その予測結果を組み合わせて画像を再構成する方法を提案した。その結果，脳活動から実験の参加者が見ていた幾何学図形やアルファベットを高い精度で再構成することに成功している（**図25.3**)[6]。

（a）　　　　　　　　　　　　　（b）

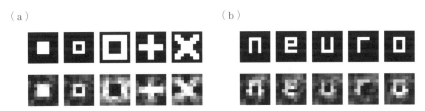

図 25.3　脳活動パターンを用いた視覚像再構成：(a) 幾何学図形の再構成の例。(b) 英文字アルファベットの再構成の例。それぞれ上段は実験参加者に見せた画像（実際に見せた画像は，白い部分が白黒反転するチェッカーボードパターン，黒い部分が一様灰色部で構成されている），下段は脳活動パターンから再構成した画像（8 試行分の結果の平均画像）。

25.4　こころの中で「なに見てる」？： 想像，記憶，夢の読み取り

　さて，ここで一休み。眼を閉じて，今朝の食事を思い浮かべてみよう。こんがり焼けたパン，ほかほかのご飯などが眼の前に浮かんだかもしれない。あるいは昨晩，あなたは夢を見ただろうか。それはもしかしたら，現実と見紛うばかりの鮮明な光景だったかもしれない。このように私たちは，眼から画像情報を得ていなくても（眼を閉じていても），視覚的な体験を主観的に（自分のこころの中だけで）得ることができる。

　このような自分のこころの中にしかない主観的な視覚体験をも，脳活動パターンから読み出せることが最近の研究でわかってきた。物体画像や自然風景画像などを実験の参加者に想像してもらった際の視覚野の fMRI 信号をパターン判別し，想像してもらった画像が判別可能であることを示す例が近年多数報告されている[7),8)]。また，画像パターンやシーンの**記憶**を思い出しているときの脳活動からその内容を読み取ることもできるし[9),10)]，さらには睡眠中の脳活動から夢の内容を予測することさえも可能になってきている[11)]。

　ただし，現在の予測精度にはまだまだ向上の余地がある。主観的な視覚体験に対する脳活動は，同じ画像を眼で実際に見たときの脳活動と似ているはずだという仮定に基づいて解析される事が多い。しかし，もしかしたら両者の間には私たちが気づいていない重要な違いがまだ隠されているのかもしれない。

25.5　おわりに：「なに見てる」がわかっちゃう 未来の日常？

　脳活動から「なに見てる」を読み取る脳情報デコーディング技術は，現在急速な勢いで研究事例や応用先を拡大し，進化を遂げている。この進化が進んだ先には，どのような未来の日常が待っているのであろうか。

　頭の中で考えたことを直接的に伝えられたり，画像化できたりすれば，コミュニケーションの新しい手段となるだろう。望みの洋服のデザインや髪型を思い浮かべるだけで，コンピュータの画面上で即座に画像化できる未来もくる

かもしれない。また，不幸にして事故や病気で声を失った場合でも，脳活動を介した直接的な意思伝達が可能になるかもしれない。

　一方，技術が持つ負の側面にもしっかりと眼を向けなくてはならない。脳活動から頭の中が覗けるとしたら，脳活動は究極の個人情報となりうる。法整備を含めた議論を重ね，技術の手綱を握っていくことが，社会に求められている。

引 用 文 献

1) Kourtzi, Z., & Kanwisher, N. (2000). Cortical regions involved in perceiving object shape. *Journal of Neuroscience, 20*, 3310–3318.

2) Epstein, R., & Kanwisher, N. (1998). A cortical representation of the local visual environment. *Nature, 392*, 598–601.

3) Haxby, J. V., Gobbini, M. I., Furey, M. L., Ishai, A., Schouten, J. L., & Pietrini, P. (2001). Distributed and overlapping representations of faces and object in ventral temporal cortex. *Science, 293*, 2425–2430.

4) Cox, D. D., & Savoy, R. L. (2003). Functional magnetic resonance imaging (fMRI) "brain reading"：Detecting and classifying distributed patterns of fMRI activity in human visual cortex. *NeuroImage, 19*, 261–270.

5) Kamitani, Y., & Tong, F. (2005). Decoding the visual and subjective contents of the human brain. *Nature Neuroscience, 8*, 679–685.

6) Miyawaki, Y., Uchida, H., Yamashita, O., Sato, M. A., Morito, Y., Tanabe, H. C., ... Kamitani, Y. (2008). Visual image reconstruction from human brain activity using a combination of multiscale local image decoders. *Neuron, 60*, 915–929.

7) Stokes, M., Thompson, R., Cusack, R., & Duncan, J. (2009). Top–down activation of shape–specific population codes in visual cortex during mental imagery. *Journal of Neuroscience, 29*, 1565–1572.

8) Johnson, M. R., & Johnson, M. K. (2014). Decoding individual natural scene representations during perception and imagery. *Frontiers in Human Neuroscience. 8*, 59.

9) Harrison, S. A., & Tong, F. (2009). Decoding reveals the contents of visual working memory in early visual areas. *Nature, 458*, 632–635.

10) Chadwick, M. J., Hassabis, D., Weiskopf, N., & Maguire, E. A. (2010). Decoding individual episodic memory traces in the human hippocampus. *Current Biology, 20*, 544–547.

11) Horikawa, T., Tamaki, M., Miyawaki, Y., & Kamitani, Y. (2013). Neural decoding of visual imagery during sleep. *Science, 340*, 639–642.

デジタルカメラにも意識は宿る？
― 意識の統合情報理論 ―

（大泉 匡史）

　朝，目が覚めてベッドから起き上がり一日が始まる。そして，一日が終わり夜になると再び眠りにつく。この当たり前の日々の営みの中で，突然消えてしまったり，突然現れたりするものがある。それが**意識**である。意識とは主観的な体験のことである。私たちが起きているときにピアノの音を聞けば，そのピアノの音に主観的な体験が伴う。しかしながら，寝ているときに同じピアノの音を聞いてもそこに主観的な体験は伴わない。

　なぜ起きているときには主観的な体験があり，寝ているときにはなくなってしまうのかを不思議に思ったことはないだろうか。コンピュータの電源がオフになるときのように，私たちの脳が睡眠中に活動を止めてしまうなら話は簡単だ。しかしながら，私たちの脳は睡眠中でも活動を続けていることが知られており，単純な脳活動のオン，オフからでは意識のあるなしは説明ができない。

　統合情報理論（IIT）は，こうした意識にまつわる問題を「情報」と「統合」という観点から数学的に理解しようと試みる理論である[1,2]。本トピックではIITの基本的な考え方を解説し，意識の謎を考えるための一助としたい。

26.1　統合情報理論（IIT）とは

　初めに注意しておきたいのは，IITは「神経細胞の活動から，なぜ意識が生じるのか」という問題，いわゆる**意識のハードプロブレム**に答える理論ではない（**図 26.1**（a））。IITはこれとは逆に，意識が存在しているということを前提として認めたうえで，意識の本質的な性質はなにかを"私たち自身の意識を観察すること"（現象論）によって同定する（図 26.1（b））。意識の本質的な性質は「公理」（axioms）として考え証明しない。つぎに，公理を満たすために物理的な系（例えば脳）が満たすべき条件を「要請」（postulates）として仮定する。要請は公理とは違い，実験的観測によって検証するべき仮説である。最後に要請から，ある物理系が生み出す意識の量と質とを記述するための数式

（a）　　　　　　　　　　　　　　　　　　　　　　　　（b）

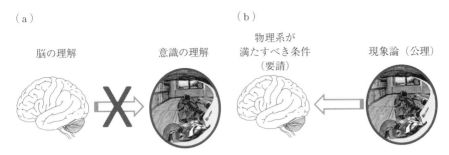

脳の理解　　　　　　　意識の理解　　物理系が　　　　現象論（公理）
　　　　　　　　　　　　　　　　　満たすべき条件
　　　　　　　　　　　　　　　　　（要請）

図26.1　意識のハードプロブレムと統合情報理論：（a）意識のハードプロブレム。（b）統合情報理論。

を導き（数式の詳細に関しては引用文献[2]を参照），これに基づいてさまざまな予測を行う。

　これは物理学の理論構築のやり方と似ている。例えば，ニュートン力学は「質量」というものが存在することを前提として構築される。物体に力を加えたときの物体の加速のしにくさが「質量」の定義であり，公理の一部である。そしてその公理に基づいて導かれた数式から，この世界に対する予測を行う。それはリンゴが木から落ちる軌跡であったり，地球や月の運行の予測であったりする。これらの予測が実験的観測と整合するかどうかによって，理論の正当性は検証される。

　IITも「意識」を「質量」のように，この世界に普遍的に存在するものとして考え，その存在を前提としたうえで理論を構築していく。理論の予測が現実と十分整合すれば理論は生き残るし，整合しなければより良い理論に取って代わられる。これは通常の科学の営みと同じである。

　IITが科学の対象とするのは以下のような問題である。

1.　『意識の量的な問題』：なぜ夢を見ない深い眠りにあるとき，あるいは全身麻酔にあるとき，意識は失われるのか？　新生児，人間以外の動物あるいは人工知能に意識はあるのか？　あるとしてどの程度あるのか？

2.　『意識の質の問題』：意識の質はなにによって決まるのか？　例えば，視覚体験の質と聴覚体験の質の違いはなにによって決まっているのか？（本

トピックでは質の問題は扱わないので引用文献[2]を参照)

3. 『意識の境界の問題』：意識の空間的な境界はどのように決まるのか？ 例えば，なぜ二人の人間の脳の間に境界があるのに対し，左脳と右脳の間には境界がないのか？ （詳細は 26.4 節参照）

IIT はこれらの問題を統一的に説明し，予測を行う理論である。

26.2　第一の公理：情報

　意識が存在することを前提としたうえで，意識の本質的な性質とはなにかを現象論から考えていこう。第一の性質は「公理 1：意識は情報を持っている」ということである。例えば，「赤いリンゴ」という意識体験は「赤いトマト」でもなく「緑のリンゴ」でもない。「赤いリンゴ」という意識は，ほかに有り得た多くの意識体験の可能性を排除している。この意味で一瞬一瞬の意識の内容は情報を持っているといえる。

　IIT はこの公理からつぎの要請を仮定する。「要請 1：ある物理系が意識を生み出すためには情報を生み出さなければならない」。私たちの脳が「赤いリンゴ」，「赤いトマト」，「緑のリンゴ」に対してそれぞれ特有の意識体験を生み出しているということは，私たちの脳はそれらの視覚刺激を弁別する能力がなければならない。すなわち，脳の中には色，形，大きさなどを弁別するメカニズムが存在し，それによって情報が生成され，私たちは異なる意識体験を持つことができている。これが意識の生成に情報の生成が必要という要請の意味するところである。

　私たちの脳と対照的な例として，一つのフォトダイオードを考えよう。このフォトダイオードは光の ON，OFF に反応して電流が流れる。この意味で，フォトダイオードは光の ON，OFF の二状態を弁別する能力があることになる。しかしながら，例えばこのフォトダイオードは青い光が来たときも，赤い光が来たときもまったく同じように電流を流す。この意味で，光の ON，OFF を弁別する能力はあっても，青と赤とを弁別する能力は備えていない。したがって，このフォトダイオードは「青」と「赤」に対して異なる意識体験を

持っている可能性はない。私たちの脳とフォトダイオードでは生み出すことができる情報の量に大きな差があり，これが系の生み出す意識体験の差につながっている。系が生み出す情報が，生み出す意識を規定するという考え方が，IIT の根幹である。

　IIT によれば，フォトダイオードであっても，系の内部で情報を生み出すメカニズムが備わっていれば，「最小レベル」の意識は存在しているという結論になる。しかしながら，あくまで最小レベルであって，人間が持つ意識とは量・質ともにかけ離れたものである。IIT の観点から重要なのは，ある物理系に意識があるかないかという二者択一の答えではなく，その系が生み出しうる意識の量がどの程度で，どのような質を持ちうるかである。

26.3　第二の公理：統合

　第二の本質的な性質は「公理2：意識は統合されている」ということである。例えば，「赤いリンゴ」という意識体験においては，「赤」という意識と「リンゴ」という意識とが統合されている。または，私たちがある景色を見ているとき，左視野と右視野の意識が統合されている。このとき，どんなに頑張っても左視野だけあるいは右視野だけを独立に意識することはできない。このように，私たちの意識はつねに統合されており，独立な構成要素に分解することができないという性質を持っている。

　この公理から導かれる要請は「要請2：ある物理系が意識を生み出すためには情報が統合されていなければならない」である。私たちの脳の中では，神経細胞どうしが密につながり，情報のやりとりをすることによって，色や形の情報を統合するためのメカニズムが存在し，それによって「赤いリンゴ」という統合された意識体験が生まれる。あるいは，右脳と左脳でそれぞれ処理された左視野と右視野の情報が脳梁によって統合され，左視野と右視野の情報が統合された意識体験が生まれる。

　先ほど考えたフォトダイオードの拡張として，デジタルカメラを考えよう。単純化して，デジタルカメラの中には，光の ON, OFF の二状態を弁別できる

フォトダイオードが 100 万個あるとしよう。そうすると，デジタルカメラは 2 の 100 万乗個の異なる状態を表現することができる。それでは，このデジタルカメラは豊富な意識体験を持ちうるだろうか？ IIT の答えは否である。もし私たち人間が，デジタルカメラが撮った写真を見れば，そこから膨大な情報を得ることができる。しかしながら，それは外部の観測者である私たちにとっての情報であり，デジタルカメラにとっての情報ではない。デジタルカメラの内部では，フォトダイオードどうしには情報のやりとりがないため，100 万個のフォトダイオードの情報を統合した意識体験を生み出す事ができない。

　意識とは主観的な経験であるから，外部の観測者にとっての情報ではなく，系自身にとっての**内的情報**こそが意識と関係する。IIT は系を構成する要素間の内的な情報のやりとりの大きさを測る量，統合情報量（Integrated Information）[2),3)]が系が生み出す**意識レベル**に相当するという仮説を提唱している。

　例えば，デジタルカメラでは個々のフォトダイオードはほかのフォトダイオードに影響されることなく独立に情報処理を行っている。したがって，フォトダイオードの間で情報のやりとりはなく，デジタルカメラ全体の統合情報量は 0 である。ゆえに，100 万個のフォトダイオードそれぞれに最小レベルの意識が存在したとしても，デジタルカメラ全体に意識は存在しえない。一方，脳の中では神経細胞どうしがシナプスを介して情報をやりとりし，情報の統合が起こっているため統合情報量が大きく意識体験が生じうる。

　通常の覚醒時の脳であれば，統合情報量は大きく，意識レベルは高いが，脳が睡眠中，麻酔下，植物状態などで意識レベルが低くなっているときには，覚醒時よりも統合情報量が低くなっているはずであると IIT は予測する。実際，睡眠中，麻酔下，植物状態などのいわゆる無意識状態のときに脳の領野間の実効的な結合が弱まるという実験結果は数多く得られており[4),5)]，IIT の予測は有力な仮説として認められつつある。しかしながら，統合情報量を実際にデータから計測し，直接的に統合情報量の減少を示した研究はまだなく，今後検証しなければならない。

26.4　第三の公理：排他

　さて，ここで二人の人間が会話しているという状況を考えよう（**図 26.2**）。会話によって，二人の間に情報のやりとり，統合が起こっていると仮定しよう。そうすると，二人という全体の系も意識が存在するための必要条件（要請1，要請2）を満たしている。しかしながら，二人の人間の集合意識とでも呼ぶべきものは存在しておらず，実際に存在しているように見えるのは二人の脳の二つの独立な意識だけである。

図 26.2　二人の人間 A, B が会話をしているときの意識：A,
　　　　　　B の脳の中には左脳 L と右脳 R がある。

　そんなこと当たり前ではないかと思うかもしれないが，私たちの脳の中ではこれとまったく逆のことが起こっている（図 26.2）。私たちの脳の中には左脳と右脳という良く似た二つの系が存在し，脳梁によってつながれている。脳梁を通じて二つの脳が情報のやりとりをしている状況は，二人の人間（脳）が会話をしている状況と似ている。しかしながら会話の状況とは逆に，実際に存在しているように見えるのは，左脳と右脳を合わせて一つの系と見たときの集合意識であり，左脳と右脳それぞれの中に独立した二つの意識は存在していないように見える。

　意識は「情報」と「統合」が生み出されるすべての部分系に存在しているわけではなく，ある条件を満たした特定の部分系にのみ存在するという性質を持っていると考えられる。これが IIT の考える第三の意識の本質的性質で，「公理3：意識は排他的である」と表現される。例えば，脳の中では左脳または右脳だけで生み出しうる意識という存在が，左脳と右脳全体が生み出す意識という存在に排他されているといえる。

それでは，一体どのような原理で意識は排他されるのか？ IIT はつぎの要請を仮定する。「要請３：ある物理系が意識を生み出すためには局所的に最大の統合情報量を生み出していなければならない」。ある系の統合情報量が局所的に最大とは，その系の統合情報量が，その系の中のありとあらゆる部分集合，またはその系を部分集合として含むありとあらゆる可能な集合の統合情報量より必ず大きいという状況のことを指す。先ほどの，二人の人間 A，B が会話しているという状況を考えてみよう。話を単純化して，全体の系の要素としては A と B の右脳と左脳，A^L, A^R, B^L, B^R の四つがあるとする（図26.2）。A の脳全体（A^L + A^R）で意識が生じているという状況では，A の脳全体の統合情報量が局所的に最大になっていなければならない。このとき，A の脳全体の統合情報量 $\Phi(A^L + A^R)$ は左脳または右脳だけの統合情報量 $\Phi(A^L)$, $\Phi(A^R)$ よりも大きく，かつ A と B の二つの脳全体の統合情報量 $\Phi(A^L + A^R + B^L + B^R)$ よりも大きいということになる。局所的に最大とは，要素を足すまたは引くという操作によって必ず統合情報量が減るということを意味する。

$$\Phi(A^L + A^R) > \Phi(A^L), \Phi(A^R), \Phi(A^L + A^R + B^L + B^R)$$

二人の人間が単に会話しているという状況では，統合情報量の定義に従えば，二つの脳の間の情報のやりとりが非常に小さいため，$\Phi(A^L + A^R) \gg \Phi(A^L + A^R + B^L + B^R)$ となる。しかしながら，二つの脳を直接シナプス結合させて，情報のやりとりを大きくすれば，大小関係の逆転が起こりうるだろう（$\Phi(A^L + A^R) < \Phi(A^L + A^R + B^L + B^R)$）。この場合，A と B 全体に集合意識が生まれ，A と B がそれぞれ独立に持っていた意識は消えてなくなるというのが IIT の予測である。

また，脳梁の結合が弱いとしたら，左脳または右脳の中の統合情報量が脳全体の統合情報量を上回るという逆転現象もありえるだろう（$\Phi(A^L + A^R) < \Phi(A^L)$, $\Phi(A^R)$）。そのような状況では，脳全体ではなく左脳と右脳それぞれに独立した意識が生じると予測される。実際，てんかんの治療のために脳梁を部分的あるいはすべて切除した患者では左脳と右脳に独立した意識が生じているような振る舞いを示すことが報告されている[6]。統合情報量の局所最大とい

う観点から，左脳と右脳の意識が分離する条件，あるいは統合される条件を正しく予測することができるかどうかは IIT の重要な課題といえる。

26.5　お わ り に

以上述べてきた IIT の要請をまとめると，意識を生み出すために物理系が満たすべき必要条件とは，「内的に生み出された情報が統合され，かつ統合情報量が局所的に最大になっていること」となる。IIT はここから論理を一歩進めて，この条件は十分条件でもあるという仮説を提唱している。この仮説の正当性は意識を生み出している具体的な物理系である脳を用いて，今後実験的に検証していかなければならない。理論の正当性が十分に検証されれば，IIT は人間の脳だけではなく，ほかの動物の意識，あるいは人工知能の意識に関しても予測を行うことも可能である。現在の IIT そのものが意識の謎を解決するための究極の理論では当然ないだろう。しかしながら，IIT は一つの突破口を与えているのではないかと思う。読者の方々も IIT を通じて，意識の謎について興味を持ち，深く考えるきっかけとしていただければ幸いである。

引 用 文 献

1) Tononi, G., Boly, M., Massimini, M., & Koch, C. (2016). Integrated information theory : From consciousness to its physical substrate. *Nature Reviews Neuroscience, 17*, 450–461.

2) Oizumi, M., Albantakis, L., & Tononi, G. (2014). From the phenomenology to the mechanisms of consciousness : Integrated information theory 3.0. *PLoS Computational Biology, 10*, e1003588.

3) Oizumi, M., Tsuchiya, N., & Amari, S. (2016). Unified framework for information integration. *Proceedings of the National Academy of Sciences, 113*, 14817–14822.

4) Massimini, M., Ferrarelli, F., Huber, R., Esser, S. K., Singh, H., & Tononi, G. (2005). Breakdown of cortical effective connectivity during sleep. *Science, 309*, 2228–2232.

5) Koch, C., Massimini, M., Boly, M., & Tononi, G. (2016). Neural correlates of consciousness : Progress and problems. *Nature Reviews Neuroscience, 17*, 307–321.

6) Gazzaniga, M. S. (2005). Forty–five years of split–brain research and still going strong. *Nature Reviews Neuroscience, 6*, 653–659.

ＡＩの基礎
― 人工ニューラルネットワークの仕組み ―

（狩野　芳伸）

　「人工知能，Artificial Intelligence（AI）」はいまブームのさなかにあり，人工知能という言葉をニュースで見ない日はない。人工知能とはなにか？ まず困ったことに，なにが「人工知能」なのか，私たちに共通する定義はないのではないだろうか。さまざまな製品が人工知能搭載と謳っており，その中身はロボットの自動制御から，音声対話，単純な自動機能にしかみえないものまで幅広い。筆者にとっての人工知能とは，人間の知能（の一部）をコンピュータで実現するものである。そうすると，人工知能を完成させるための直截的なアプローチは，人間の脳をそのままコピーすることだろう。本トピックでは，その試みのための基礎となる**人工ニューラルネットワーク**について解説する。しかし，脳の仕組みはコピーできるほどにはわかっていない。ここで紹介する人工ニューラルネットワークの動作は，実際の脳とは大きく異なるであろうことに注意されたい。

ex.1　人工ニューラルネットワークにおける　　　ニューロンの基本動作

　人工的なニューラルネットワークは，人工知能の歴史とともに発展してきたといってもよい[1]~[5]。ここ数年はその応用の幅が広がりつつある。

　多くの人工ニューラルネットワークにおいて，基本動作は共通している。まず神経細胞を模したノードが基本素子である（**図 ex.1**（a））。以降，このノードを「ニューロン」（神経細胞の英語名 "neuron" に由来する）と呼ぶ。ニューロンは単一の数値で表される「活性度（p_i）」を持ち，この活性度が結合されている別のニューロンに伝達される。結合は通常一方通行である。伝達の際は，結合ごとに設定される「重み（w_i）」を活性度に掛け算してから渡す。後述するように，この重みの変更が学習に相当する。

　受け取る側のニューロンは，すべての入力を足し算した結果をさらに**伝達関**

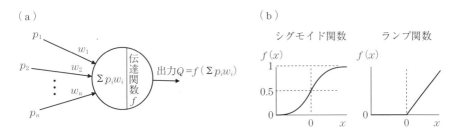

図 ex.1　人工ニューラルネットワーク：（a）ニューロンの基本動作。（b）伝達関数の例。

数（あるいは活性化関数）と呼ばれる関数に掛け，その結果を活性度とする。伝達関数にはさまざまなものが用いられるが，代表的な伝達関数として「シグモイド関数」や「ランプ関数（ReLU）」が挙げられる（図 ex.1（b））。

ex.2　ニューラルネットワークの基本構造

　人工的なニューロンをつなぎ合わせて，人工ニューラルネットワークを構成する。各ニューロン間の接続をどのようにするかでさまざまなモデルが考案されている。

　典型的なのはフィードフォワード型2層構造（近年では入力層を層数に加えないことが多い）のもので，**図 ex.2** でいうと一番左の小さな黒い円が「入力層」のニューロン，真ん中の灰色の円が「中間層（隠れ層）」のニューロン，一番右の灰色の円が「出力層」のニューロンとなる。

　フィードフォワードとは，図でいうと左から右にだけ信号が流れるということである。入力層と中間層，中間層と出力層のニューロン間はすべて左から右への一方向で結合され，各層のニューロンは前の層あるいは次の層のすべてのニューロンと結合（全結合）するが，層内ではまったく結合がない。

　画像認識を例に動作を追ってみよう。入力層の一つひとつのニューロンが入力画像の異なる「画素」に対応し，出力層の一つひとつのニューロンが異なる「分類」に対応する。分類とは，例えば，物体認識ならば犬か猫か，文字認識ならば"あ"なのか"ぬ"なのか，ということになる。

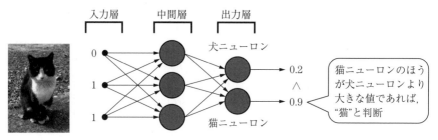

注）例えば入力層は画像の画素の分など，実際にはどの層ももっとたくさん
のニューロンを持つ

図 ex.2 2層構造（入力層を含めると3層構造）のニューラルネットワーク
による猫の画像の認識

入力画像が与えられると，例えば白黒の画像であったなら黒の画素は1，白
の画素は0の活性度が入力層の対応するニューロンに設定される。ニューロン
間の結合には異なる重みが設定されている。中間層の各ニューロンについて，
入力のニューロンの活性度と結合の重みを掛け算したものを足し合わせて，さ
らに伝達関数を掛けたものを中間層のそれぞれのニューロンの活性度とする。

同じことを出力層のニューロンについても行うと，出力層の各ニューロンに
はなんらかの活性度が設定できる。出力層のあるニューロンが猫の画像に対応
付けられたものだったら，猫の画像を入力として与えたときにこの"猫ニュー
ロン"がより大きな活性度を得て，ほかの出力ニューロン，例えば"犬ニュー
ロン"がより小さな活性度になるよう各結合の重みをうまく調整できれば，画
像を判別できる。この重みを調整する過程が「学習（訓練）」である。学習は
次節で説明する。

この2層構造のニューラルネットワークは，理論的にはほとんどあらゆる関
数を表現できることが知られている[6]。理論的には，中間層のニューロンを増
やしていけば，その入出力関係を任意の連続関数にいくらでも近づけることが
できる。つまり，非常に複雑な判断基準であっても十分な中間層のニューロン
を用意すれば実現できるといっても良い。ただし，入力層を除いて2層以上で
あり，伝達関数は非線形である必要がある（多項式は除く）。

ex.3　誤差逆伝播法

　つぎに，ニューラルネットワークを「学習」させて期待するような分類を行うにはどうしたらよいかみていこう。いくら汎用的な表現能力があっても，重みをうまく調整して期待する動作にならなければ実用的な意味がない。

　入力データ，例えば画像だけを与えて，そこから勝手に犬や猫の分類をできるようにするのはとても難しい。通常は，入力データに対して「教師」となる正解の付いた訓練データを学習用に与えて，訓練データの入力を与えたとき出力が少しでも正解に近づくように調整する。「正解」のことを正解ラベル，あるいは単にラベルともいう。これが**教師付き学習**である。一方，正解データを使わない場合を**教師なし学習**という。ここでは教師付き学習手法による人工ニューラルネットワークの例を紹介するが，ほかにも多様な手法がある。

　ニューラルネットワークで最もよく使われている学習手法が**誤差逆伝播法**[4]である。その手順はとても単純である。図 ex.2 では，例えば画像を分類するとき，左から右にだけ信号が流れると説明した。学習させるときは，これとは逆に右から左にたどって重さを調整する。

　学習アルゴリズムの収束性が保証されていれば，重みの初期値はなにを用いても出力を訓練データの正解に近づけていくことができるが，通常はランダムに設定する。最初は重みが適切でないので，ネットワークに画像を入力すると，当然ながら猫の画像を入力しても猫であるかを判定する出力ニューロン（猫ニューロン）はいい加減な活性度しか与えられない。このとき，猫ニューロンが少しでも「正しい」値を出力するように，「正解」出力との「誤差」を計算する。例えば，正解が猫なら猫ニューロンの活性度は 1.0 であってほしいが，いい加減な値が 0.6 だったとすると，誤差は引き算して 0.4 になる。

　つぎに，猫ニューロンに入力を与えている各結合の重みと，入力元の中間層ニューロンの活性度をみてみる。例えば，ある中間ニューロンの活性度が 0.8 で，重みが 0.1 だったとすると，重みをより大きくすれば猫ニューロンの活性度はもっと高く，正解との誤差は小さくなったはずである。そこでこの重みを少し大きくする。この重み修正作業をすべての出力層ニューロンと中間層

ニューロンの結合について行う。つぎに同じ作業をすべての中間層ニューロンと入力層ニューロンの結合についても行う。そうすると，学習に使っている入力画像に関しては，全体として少し「正解」に近い結果を出力するようになる。

　この学習を，訓練データの各画像について一通り行う。あるデータに対する修正が，それ以前のデータについての修正と相反することもあることから，一度だけではうまく調整できるとは限らず，何度も同じデータセットで訓練を繰り返し，十分正解に近い値を出せるようになったら繰り返しをやめる。

　重み調整の際，重みをどの程度増やすか減らすかは，数学的には「勾配ベクトル」と呼ばれる一種の微分操作によりその量を決めることができる。このため伝達関数には，シグモイド関数などの微分可能な関数が用いられる。

ex.4　教師付き学習

　教師付き学習は，一言でいえば"ものまね"である。訓練データとしてみたことがある入力と，与えられた未知の入力がどのくらい似ているかを判断して，より似ていた訓練データの正解を推測結果にするわけである。どのくらい似ているかの測り方は学習手法によって異なるが，誤差逆伝播法で説明したことの多くはほかの教師付き学習手法でも共通している。

　ものまねであるので，まったく見たことがないデータには対応できないという限界がある。いままで見たことがあるものとそれなりに似ていないと，推測のしようがない。そのため十分な量の訓練データがないと"似ているもの"を見つけられず，巨大な量の訓練データを必要とすることが多い。

　さらにいえば，そもそも正解がある（ように問題を構成できる）課題でなければ適用できない。将棋やチェスといったタイプのゲームは，すべてが盤面の情報で決定できるうえに，盤面の状態で勝ち負けを完全に判定できるから，大量の学習データがあれば教師付き学習に向いているといえよう。実際すでに人間が機械に勝つことは難しいレベルに達している。

　画像を入力とする物体認識もこれらゲームに近いところがあるが，じつは正

解がはっきりしていない。犬と猫の違いなんて誰でもわかる，と思うかもしれないが，犬と猫の中間的な見た目の生き物を見せられたら，どちらと判断するだろうか。鼻の大きさが何ミリ以上だったら犬，などと決められれば単純だが，実際のところは個々の人間が，それまでのさまざまな経験に基づいて脳内で決めているので，客観的な判断基準があるわけではない。

　また，同じ画像でも人によって判断が分かれることもある。この場合，教師付き学習では人間に正解を設定してもらい，その判断を「神様」として，いかに神様たる人間の判断に迫れるかを試みることになる。人間どうしで判断が割れるような場合は，機械にも "正確な" 判断のしようがない。

　そして，そもそも正解がないこともある。例えば，教師付き学習で人間の会話を大量に学習させたら，人間のように話せるようになるだろうか。人間の会話に「正解」がないという問題と，表層的な会話の情報には必ずしも表れない「世界」の知識が必要であるという問題のため，単に学習データを大量に用意するだけでは，機械による人間並みの会話の実現はまだ難しいように思われる。

ex.5　深 層 学 習

　近年，ニューラルネットワークの層構造を 2 層よりも深くした**深層学習**が成果を上げている[3),5)]。理論的には 2 層で汎用的な表現能力があるにもかかわらず[6)]，深層学習ではあえてそれより深い層構造を設定している。まだ理論的な説明は十分されていないようであるが，この深層学習では，途中の中間層がなんらかの特徴抽出を行っているとも考えられ，層を追うごとに少しずつ抽象度を上げた特徴を抽出しているともいわれる。

　これは**大脳皮質**の階層構造を連想させる。実際に，視覚野の処理と，画像処理に用いられている深層学習の処理は近いように思われる。Yamins らは学習が進んだ深層学習器と脳の神経の反応との高い類似性を発見しており，ニューラルネットを調べることで脳の理解にも役立つと述べている[7)]。ただし，画像処理で成功しているネットワークは結合を一部に限ったり，重みを連動させた

りするなど制約が強いものがあり，汎用性よりもその制約に注目するのが重要であるように思われる。

　その成功ばかりに注目が集まる深層学習ではあるが，現時点ではデメリットも挙げられる。その一つが，層構造の設計の複雑さである。実際のところどういう設計にしたらよいのか誰にもわからず，問題に依存して設計を変えねばならない可能性も高い。そのため，手探りの試行錯誤，職人技が必要になるようである。また，ほかの手法と比べてもさらにブラックボックスであるという点が挙げられる。中間ノードの「意味」は解析しても明確にわかるものではないため，性能を改善するためにどうすればよいかという手掛かりを得づらい。すでに成功が知られている範囲のデータであれば既存のものを使えばよいが，未知の領域では試行錯誤が必要となり，まだ発展途上の技術であるといえよう。

　その一方で，この深層学習では，入力そのものを正解としても用いる**自己符号化器**など，教師なし学習の研究も進んでおり，将来的に人間が正解を与えなくてもさまざまな課題を学習できる人工知能に結び付いていくかもしれない。

ex.6　おわりに：人工知能は脳を超えるか

　Kurzweil の提唱する**技術的特異点**（シンギュラリティ）という概念がある[8),9)]。人工知能の発展をグラフにすると，ある年代で圧倒的な進化を遂げることが予測され，それは人間を超えるというものである。冒頭に書いたように，脳を完全にコピーできればそのときが来るかもしれないが，なにがわかれば人間並みの処理ができるようになるのかすらわからない段階では，それがいつなのかという推測は難しい。

　機械学習の説明では，現在最も性能が発揮されている分野の一つである画像処理を例にとったが，実際には応用分野によって状況も手法もさまざまである。興味を持たれた読者はさらに専門的な，あるいは各分野に特化した文献で，ぜひ学習を進めてほしい。

引 用 文 献

1) McCulloch, W. S., & Pitts, W. (1943). A logical calculus of the ideas immanent in nervous activity. *The Bulletin of Mathematical Biophysics, 5*, 115–133.
2) Rosenblatt, F. (1958). The perceptrons：A probabilistic model for information storage and organization in the brain. *Psychological Review, 65*, 386–408.
3) 福島 邦彦 (1979). 位置ずれに影響されないパターン認識機構の神経モデル―ネオコグニトロン― 電子情報通信学会論文誌 A, *J62–A*, 658–665.
4) Rumelhart, D. E., Hinton, G. E., & Williams, R. J. (1986). Learning representations by back–propagating errors. *Nature, 323*, 533–536.
5) Krizhevsky, A., Sutskever, I., & Hinton, G. E. (2012). ImageNet classification with deep convolutional neural networks. *Advances in Neural Information Processing Systems, 25*, 1097–1105.
6) Bishop, C. M. (2006). *Pattern recognition and machine learning.* New York：Springer–Verlag.（ビショップ, C. M. 元田 浩・栗田 多喜夫・樋口 知之・松本 裕治・村田 昇 (監訳)(2007). パターン認識と機械学習 丸善出版)
7) Yamins, D. L. K., & DiCarlo, J. J. (2016). Using goal–driven deep learning models to understand sensory cortex. *Nature Neuroscience, 19*, 356–365.
8) Kurzweil, R. (2005). *The singularity is near：When humans transcend biology.* New York：Viking.（カーツワイル, R. 井上 健 (監訳), 小野木 明恵・野中 香方子・福田 実 (共訳)(2007). ポスト・ヒューマン誕生――コンピュータが人類の知性を超えるとき NHK 出版)
9) Baum, S. D., Goertzel, B., & Goertzel, T. G. (2011). How long until human–level AI? Results from an expert assessment. *Technological Forecasting and Social Change, 78*, 185–195.

参 考 資 料

1. 麻生 英樹・安田 宗樹・前田 新一・岡野原 大輔・岡谷 貴之・久保 陽太郎・ボレガラ ダヌシカ (2015). 深層学習 近代科学社

コーヒーブレイク：自然言語処理関連のチャレンジ紹介　～教師付き学習のみでは難しい課題

　筆者の専門は自然言語処理，すなわちコンピュータで人間の言葉を扱う研究分野である。昨今の人工知能ブームで，人工知能がなにを指すのか人によってさまざまなようであるが，人間の知能を機械で実現するには自然言語の扱いは避けて通れない重要な要素である。そうした自然言語処理のチャレンジを二つ紹介する。

　「ロボットは東大に入れるか（東ロボ）」は，国立情報学研究所を中心とするグランドチャレンジプロジェクトで，東京大学に合格しうる試験問題の自動解答プログラムを作成し，その過程で現在の技術はなにができ，なにが不足しているのかを見極めようというものである。東京大学に合格するためには，センター試験で高得点をマークしたうえで，二次試験を受験する必要がある。センター試験は選択式，二次試験は記述式なので，必要な自動解答プログラムも異なる。

　大学入試問題は科目によっても解答に必要な要素が大きく異なるため，科目ごとに異なる研究グループが独立したプログラムを作成している。センター試験の社会科の場合，与えられた教科書に基づいて正しいか間違いかを選ぶ問題が多い。一見教師付き学習で簡単に解決できそうだが，それにはまったく同じ，あるいは非常に類似した問題が学習データに必要である。実際にはそのようなデータはないので，プログラムが教科書を「読んで理解する」必要があるが，そこには単語の意味の理解から始まり構文解析，主語述語の関係，代名詞の参照解決など多様な要素があり，それぞれが十分高精度に実行できないと高得点は望めない。2016 年の模試チャレンジタスクではセンター試験総合偏差値で 57.1 と，受験生の平均を上回っているが東大合格にはまだはるかに遠い。自然言語処理の精度の問題に加え，教科書など知識源に書かれていない「常識」をどう獲得するかという困難がある。

　「人狼」ゲームとは，プレイヤーを人間役と人間のふりをする人狼役に分け，役は隠した状態で会話を通じて役を推測するゲームである。人狼知能プロジェクトではこのプレイヤーの自動化を目指している。仮にゲームをテキストだけのやり取りで進めるとしても，先の自然言語処理が十分高精度にできたうえで，論理的な**思考**に加え嘘をついたり見破ったりする能力が必要である。言い換えれば，他者から信頼を獲得する人工知能を目指しているといえる。実現すれば社会は一変するだろうが，いつできるのか根拠をもって推測するのは難しい。

用 語 集

≪英字≫

DSM-5［トピック23］
　精神障害の診断と統計マニュアル（Diagnostic and Statistical Manual of Mental Disorders, DSM）の第5版（2013年出版）[1]。アメリカ精神医学会によって編纂，出版されている。精神障害の診断，治療，研究のための定義，分類法がまとめられている。 （井隼経子）

fMRI
　→機能的磁気共鳴画像法

GOLD［トピック22］
　The Genetic Oriented Lifespan Study on Differential Development の略称。ドイツのマックスプランク研究所の双子プールであり，1937年に6～18歳の90組の双子を対象に調査が開始された[2]。1994～1999年に行われたフォローアップ研究では，当初のサンプルのうち20組の双子のみ追跡調査ができた。そのため，以後，双子サンプルは，64～85歳にまで年齢の範囲を広げて調査が行われている。

（井隼経子）

HM［トピック11］
　Henry Gustav Molaison 氏（1926年2月26日–2008年12月2日）のイニシャル。彼は1953年に重篤なてんかん発作の治療のため，**海馬**，**扁桃体**，**嗅内野**を含む内側**側頭葉**を切除した結果，重度の健忘を発症するようになった。それ以後，多くの心理学・神経科学の実験に参加し，**記憶**メカニズムの理解に対して多大な貢献を行った。 （平島雅也）

MRI
　→磁気共鳴画像法

MT/V5（5次視覚野）［トピック24，マップ①（p.199）］
　中**側頭葉**の後部に存在する高次の視覚野であり，視対象の動きの知覚の処理に関与する。MT/V5が損傷すると，動く物体が認識できなくなる。 （荒牧勇）

PET
　→陽電子断層撮影法

T1 強調画像（T1 weighted image）［トピック 24］
　MRI 撮像法の一つ。水や空気は黒く，脂肪が白く見えるため，脳の解剖構造が見やすい。グレースケールの輝度の強さは**白質**＞**灰白質**＞脳脊髄液となる。通常，**VBM** 解析に用いるときは，1 mm 以下の解像度で計測する。　　　　（荒牧勇）

TMS
　→経頭蓋磁気刺激法

V4（四次視覚野）［トピック 3，マップ②（p. 199）］
　後頭葉に存在する視覚野の一つ。V1（**一次視覚野**），V2（**二次視覚野**）などと腹側皮質視覚路を形成し，色や形などの認識に重要な役割を果たす。視覚情報の選択的注意にも関与している。　　　　（高橋康介）

VBM（voxel–based morphometry）［トピック 24］
　脳構造画像解析の手法の一つ。脳構造画像を構成する各ボクセルの輝度値を利用して自動的に組織の分割化を行い，脳形態の標準化のための変形や画像ノイズ軽減のための平滑化を行った後，統計解析を行う。能力や個性などの心理指標と相関のある脳部位，異なる群間で差のある脳部位，訓練による特定脳部位の変化などを明らかにできる。　　　　（荒牧勇）

≪あ行≫

アセチルコリン（acetylcholine, ACh）［トピック 2］
　神経伝達物質の一つ。おもに前脳基底部から**大脳皮質**に投射し，注意，**認知機能**，覚醒などに関与する。**アルツハイマー病**や**レビー小体型認知症**ではアセチルコリンを放出するコリン作動性ニューロンが減少しており，アセチルコリンを増加させる薬剤が治療薬として使用される。　　　　（高橋康介・西尾慶之）

アルツハイマー病（Alzheimer's disease, AD）［トピック 2，24］
　最も頻度の高い認知症の原因疾患。全認知症の 50〜70％が AD。**海馬**や**大脳皮質**の萎縮に伴って，**記憶**障害や**認知**機能の低下といった症状が進行していく。
　　　　（高橋康介・西尾慶之）

意　識（consciousness）［トピック 3〜5，8，11，12，17〜19，26］
　脳が生み出す主観的な体験のこと。意識には質的側面と量的側面があると考えられる。質的側面とは赤を見たときに主観的に感じる赤の「赤らしさ」のことを指す。**クオリア**とも呼ばれる。量的側面は，**意識レベル**と呼ばれ，睡眠から覚醒まで連続的に変化する意識体験の量のことを指す。　　　　（大泉匡史）

意識のハードプロブレム（the hard problem of consciousness）［トピック 26］
　Chalmers によって導入された用語で，神経細胞の活動からなぜ主観的な体験が生まれるのかという問題[3]。現代の科学の枠組みではどうしても解けない問題という

意味で使われる。例えば，脳の仕組みを理解することで，機能としての視覚を科学で解き明かすことは可能であると考えられるが，なぜ主観的な視覚体験があるのかということは解き明かすことができないという意味。　　　　　　　　　（大泉匡史）

意識レベル（levels of consciousness）［トピック 26］

完全な覚醒から眠い状態，睡眠まで連続的に変化する**意識**の量。睡眠の中でも，夢を見ているときの睡眠は覚醒時の意識レベルに近いと考えられる。夢を見ていないときの睡眠は意識レベルが非常に低くなっている状態で，いわゆる無意識の状態。麻酔下，てんかん，植物状態などがほかの代表的な無意識状態である。（大泉匡史）

意思決定（decision making）［トピック 16，18］

特定の目標を達成するために複数の手段や状況の中から選択をする**認知**過程。一般的に，問題や状況の認知，手段や状況の構成，特定の方法の選択といった一連の過程によると想定されている。　　　　　　　　　　　　　　　　　（渡邊克巳）

一次運動野（primary motor cortex）［←**運動前野，運動野，経頭蓋磁気刺激法，背外側前頭前野，**マップ③（p. 199）］

この一次運動野から最終的な**運動指令**が出力され，脊髄を介して筋収縮が生まれる。**大脳皮質**の**前頭葉**の最後方に位置する中心前回にあり，**ブロードマン領野**の 4 に相当する。大脳半球の内側面から外側に向かって，下肢，体幹，上肢，顔，口腔といった順に体部位再現地図を構成し，それぞれ対応する身体部位の筋収縮を担っている。　　　　　　　　　　　　　　　　　　　　　　　　　　　（宮崎真）

一次視覚野（primary visual cortex）［トピック 25，マップ④（p. 199）］

視覚野はいくつかの性質の異なる部分領域に分けることができるが，そのうち網膜からの視覚入力を外側膝状体経由で最初に受け取る部分。**ブロードマン領野**の 17 に相当する。網膜上の特定位置に対する反応や，視覚刺激の方位成分や運動方向に対する反応を示す。　　　　　　　　　　　　　　　　　　　　　　　（宮脇陽一）

一次体性感覚野（primary somatosensory cortex, SI）［←**皮膚ウサギ錯覚，**マップ⑤（p. 199）］

体性感覚信号は，この一次体性感覚野を入口として**大脳皮質**に入力される。大脳皮質の**頭頂葉**の最前方に位置する中心後回にあり，**ブロードマン領野**の 3a，3b，2，1 に相当する。大脳半球の内側面から外側に向かって，下肢，体幹，上肢，顔，口腔といった順に体部位再現地図を構成し，それぞれ対応する身体部位からの体性感覚信号を受容している。　　　　　　　　　　　　　　　　　　　　　（宮崎真）

一般線形モデル（general linear model）［トピック 24］

データを説明する統計モデルの一つ。**VBM** 解析では，**灰白質**画像のある 1 ボクセルのデータ（容積に相当）と実験の参加者の属する群や心理学的指標との関係をモデル化するために使われる。モデルには評価の際にその影響を取り除きたい因子（全

脳の容量など）を含めることもできる。 (荒牧勇)

インテンショナル・バインディング（intentional binding；**意図的運動と感覚の結び付け**）［トピック 7, 19］

意図的な運動行為から一定の時間遅れの後に感覚刺激を呈示されていると，運動行為と感覚刺激のタイミングが相互に引き寄せられて感じられるようになる**錯覚現象**[4]。この錯覚は，**経頭蓋磁気刺激法**によって不随意運動を誘発しても生じず，参加者が自らの意図をもって運動を行ったときのみに生じる。**行為主体感**を定量化するための手法としても用いられている[5]。 (吉江路子)

ウェルビーイング（well-being）［トピック 22］

多くの喜びを持つことやネガティブな気持ちが少ないこと，また，人生への高い満足感がある状態を意味する[6]。幸福感と訳されることもある。1946 年の世界保健機関（WHO）憲章草案において，「健康」の定義の中で用いられ広く知られるようになった。 (井隼経子)

うつ病（depression）[7]［トピック 12］

抑うつ気分（悲しみ，悲観，落胆など）の増大，喜びの減退をおもな症状とする精神疾患。そのほかの症状として不適切な罪責感や疲れやすさなどがある。

(鈴木迪諒・西村幸男)

運動系（motor system）［トピック 9］

神経系のうち，運動の計画や実行に関連した中枢神経系を指す。**ミラーニューロン**の発見以降，他者の行為の観察・認識にも関与していることが示唆されている。

(池上剛)

運動準備時間延長錯覚（stop-ball illusion）[8]［トピック 7］

リーチングやボタン押しなどの運動を準備しているときに視覚呈示された物体の呈示時間が実際よりも長く感じられる**錯覚**。運動準備期に視覚情報処理が促進されていることの表れであると考えられている。スポーツ選手の「球が止まって見えた」という経験の背景では，この錯覚現象が働いていたのではないかと考えられる。

(羽倉信宏)

運動指令（motor command）［トピック 6, 11, 13］

運動出力のために脳から最終的には骨格筋へと発せられる神経信号。 (宮崎真)

運動前野（premotor cortex）[9]［←**運動野，後頭頂野，背外側前頭前野**，マップ⑥，⑦ (p. 199)］

感覚情報に基づいて運動を行うときに中心的な役割を果たす。**一次運動野**の前方に隣接する**ブロードマン領野**の 6 の外側面に相当する。背側と腹側の領域によって機能的に異なる。**背側運動前野**は感覚情報が指示する内容と運動の関連付け（例えば，赤信号を見てブレーキを踏む），動作選択，運動計画などに関わる。**到達運動**にお

いて，背側運動前野は，つかもうとする物体に向かって腕全体を運ぶ過程に関与する。これに対し，**腹側運動前野**は，物体の特徴（形，大きさなど）に応じて，それをつかむための手などの動きを調整することに関与する。　　　　　　（門田宏）

運動伝染（motor contagion）［トピック 9］
　他者の動作の観察が，観察者の意図とは無関係に観察者自身の動作に影響を及ぼす現象。その神経基盤の一つとして，**ミラーニューロン**が挙げられている[10]。
　　　　　　　　　　　　　　　　　　　　　　　　　　　　　　（池上剛）

運動麻痺（motor paralysis）［トピック 12］
　随意運動の機能が喪失している状態。運動関連脳領域の障害，あるいは，それらの領域から脊髄を下行する錐体路（皮質脊髄路）の障害によって生じる。末梢神経系の障害が関与する場合もある。　　　　　　　　　　　（鈴木迪諒・西村幸男）

運動野（motor cortex）［トピック 12］
　一般的には**一次運動野**を指す。一次運動野には脊髄の運動ニューロンや介在ニューロンへと投射するニューロンが豊富に存在する。一次運動野から脊髄への出力は最終的に筋肉へ入力され筋収縮が生まれる。そのほかに運動関連脳領域として，**運動前野**，補足運動野，帯状皮質運動野などが存在する[11]。　　（鈴木迪諒・西村幸男）

遠心性コピー（efference copy）［トピック 6］
　運動指令のコピー信号。運動出力の結果として生じる**感覚フィードバック**の**予測**に用いられる（→**内部モデル**）。　　　　　　　　　　　　　　　　（宮崎真）

≪か行≫

海　馬（hippocampus）［トピック 11，24，マップ⑧（p. 199）］
　側頭葉の内側に存在し，空間の**記憶**や出来事の記憶であるエピソード記憶に関わる。海馬の障害は，意味記憶や**手続記憶**には影響しない。　　　　　　　　（荒牧勇）

灰白質（grey matter）［トピック 23，24］
　中枢神経系の神経組織でニューロン（神経細胞）の細胞体が存在する部位。脳の表面や溝に沿って存在する**大脳皮質**や脳深部の神経核が灰白質である。　　（荒牧勇）

角　回（angular gyrus）［トピック 5，マップ⑨，（p. 199）］
　後頭頂野を構成する領域の一つであり，その下側後方部に位置する。ブロードマン領野の 39 に相当する。また，この角回よりも前方に位置する緑上回，および**側頭葉**の上部とともに**側頭頭頂接合部**と呼ばれる機能領域を構成している。右側の角回を電気刺激すると，**体外離脱体験**と同様の現象が生じることが報告されている[12]。
　　　　　　　　　　　　　　　　　　　　　　　　　　　　　　（黒田剛士）

拡散テンソル画像法（diffusion tensor imaging, DTI）［トピック 3］

　MRI による脳構造画像の撮像・解析手法の一つ。脳内の水分子は神経線維の方向に沿って移動しやすい。これを異方性拡散という。拡散強調画像法により水分子の拡散を計測，各領域の拡散の大きさや異方性の程度を推定し可視化したものが拡散テンソル画像である。特に**白質**神経線維の定量的分析や可視化に用いられる。

（高橋康介）

下側頭皮質（inferior temporal cortex）［トピック 3，マップ⑩（p. 199）］

　大脳皮質の側頭葉に位置し，下側頭回（**ブロードマン領野**の20）と中側頭回（ブロードマン領野の21）を含む脳領域。V1（**一次視覚野**），V2（二次視覚野），**V4**（四次視覚野）を含む腹側皮質視覚路の中でも高次の視覚情報処理に関与している。この領域が損傷すると，色や形だけでなく顔の認識にも障害が生じる。　　（高橋康介）

感覚減弱（sensory attenuation）［トピック 6，13］

　自分自身の運動出力の結果として生じる感覚が減弱する現象。自分でくすぐってもくすぐったくないのはその一例[13]。この感覚減弱は，**順モデル**を介した自身の運動出力の結果の**予測**に基づいて行われ，外部環境が原因で起こった出来事を鋭敏に検知することに貢献していると考えられている[13),14)]。　　（阿部匡樹・宮崎真）

感覚フィードバック（sensory feedback）［トピック 6，11］

　フィードバックとは，出力した信号を制御・修正などの目的で入力側に戻すことである。感覚フィードバックとは，例えば運動制御であれば，手の位置や速度などの運動出力の状態を視覚，**体性感覚**，聴覚などを通じて制御中枢に戻すことをいう。

（宮崎真）

感　情（emotion）［トピック 1，2，13，17，19〜21，22］

　物事に対して起こるさまざまな種類の気持ち，心情。その用語の用例範囲の広さや関連する心理現象の多様さから心理学的に明確な定義は定まっていない。類語に情動，情緒，気分，情操，情熱などがあるが，生起する時間，強さ，複雑さなどによってこれらとある程度の区別はできる。　　（山田祐樹）

感情 2 要因説（Schachter–Singer two–factor theory）［トピック 17］

　感情体験は，特定の生理的変化と一対一対応で生じるのではなく，その生理的変化を周囲の状況や既存の知識を基に解釈した結果として生起するという説[15]。この説を支持する代表的な知見として，**吊り橋実験**の結果が挙げられる。　　（渡邊克巳）

顔面筋（facial muscles）［トピック 17，20，21］

　顔面の皮膚の直下にある薄い筋群であり，これらの筋群が皮膚を引っ張ることにより表情が作られる。顔面筋の解剖学的知見をもとに，Ekman と Friesen[16]は顔面筋の基本動作を FACS（facial action coding system）と呼ばれる測定技法として体系化し，表情の客観的記述が可能となった。　　（田中章浩）

顔面フィードバック仮説（facial feedback hypothesis）［トピック 17, 20］

　感情と表情間の相互の関連性を主張する仮説[17]。感情が顔の表情に表れることは常識的なことだが，この仮説によれば，顔の表情が感情を規定しうる。**顔面筋**からのフィードバック信号（**→感覚フィードバック**）が感情形成を調整すると考えられている。この考えに基づき，顔面筋を固定したり，意図的に特定の表情を作らせるなどの操作を行うと，それらの表情に対応して感情が変化することがこれまで報告されている。
　　　　　　　　　　　　　　　　　　　　　　　　　　　　　　　（山田祐樹）

記　憶（memory）［トピック 1, 10, 11, 14, 17, 20, 24, 25］

　過去の経験や得られた情報を符号化（記銘）し，貯蔵（保持）し，検索（想起）する過程であり，その情報自体も指す。その長さや容量によって感覚記憶，短期記憶，長期記憶に分けられる。長期記憶には陳述記憶（**宣言記憶**）と非陳述記憶があり，前者には事象に関する一般的な知識である意味記憶や出来事に関する記憶であるエピソード記憶などがある。後者には技能や動作に関する記憶である**手続記憶**などがある。さらに，**意識**的な想起可能性によって顕在記憶と潜在記憶にも分けられる。
　　　　　　　　　　　　　　　　　　　　　　　　　　　　　　　（山田祐樹）

技術的特異点（シンギュラリティ，singularity）［トピック ex］

　近年注目されている汎用人工知能は，人間のように未知の知識を自ら獲得する能力を有し，人間よりも高速に自らの性能を向上させることができることから，いずれ人間の知能を上回ると考えられる。この時点を技術的特異点と呼ぶ。ノーベル賞を得ることができるほどの創造を汎用人工知能で行えるとする時点の予測の中央値は2045 年，第 1 四分位数は 2030 年であるともいわれる[18),19)]。　　　　　（吉田真一）

希少性の原理（scarcity principle）［トピック 15］

　財の経済的価値は，その希少性に依存するという法則。古典的なミクロ経済学の理論に従えば，自由経済における財の価格は需給をバランスさせる機能を果たすが，現実の人々にとって希少で高価であることは対象をより魅力的に見せる。
　　　　　　　　　　　　　　　　　　　　　　　　　　　　　　　（有賀敦紀）

帰属理論（attribution theory）［トピック 18］

　特定の結果の原因をどこに，どのように求めるのかという帰属過程に関する理論[20]。帰属理論の研究テーマはおもに「因果推論」と「特性推論」の二つに分けられる。因果推論とは，ある事象や行動の原因をなにに帰属するかというものである。一方，特性推論は，ある人の行動から，その人の態度や性格を推測するというものである。
　　　　　　　　　　　　　　　　　　　　　　　　　　　　　　　（渡邊克巳）

機能的磁気共鳴画像法（functional magnetic resonance imaging, fMRI）［トピック 2, 3, 25］

　神経細胞の活動に伴って生じる脳内の局所的な血流変化を，ヘモグロビンの磁性の変化によって捉える手法。外科的手術を必要とせずに脳活動を計測することができ

る。断層撮像の原理に基づき，高い空間分解能での脳活動計測が可能（mm 単位）。一方，血流変化が計測対象であるので時間分解能は低い（秒単位）。　　　（宮脇陽一）

基本感情 （basic emotions）［トピック 21］

Ekman らは人間には喜び，嫌悪，驚き，悲しみ，怒り，恐れという普遍的な六つの基本感情が存在し，それぞれに対応する表情があることを主張している[21]。一方で基本感情の分類は存在せず，各感情は「快 = 不快」「覚醒 = 沈静」の 2 次元空間に布置されると考える立場もある[22]。　　　（田中章浩）

逆モデル （invers model）［トピック 6］

　→内部モデル

逆向干渉 （retrograde interference）［トピック 10］

ある条件を学習した後に別の条件を学習すると，最初の学習に干渉が起こる現象。これにより最初の学習で覚えた条件のパフォーマンスは悪くなる。　　　（門田宏）

キャノン・バード説 （Cannon–Bard theory）［トピック 17］

Walter Cannon が Philip Bard とともに提唱した感情に関する仮説。この説によれば，視床で処理された感覚信号が視床下部へと投射されて心拍数の上昇などの身体的反応が生成され，大脳皮質へと投射されて感情体験が生じる。　　　（渡邊克巳）

ギャンブル依存症 （pathological gambling）［トピック 23］

アメリカ精神医学会の DSM–5 では持続的で不適応的なギャンブル行動を指し，法律上の問題を引き起こすだけでなく，金銭，周囲との人間関係，仕事上の関係に支障を来たす恐れがあるものとされている。　　　（井隼経子）

嗅内野 （entorhinal cortex）［トピック 11，マップ⑪ （p. 199）］

側頭葉前部の内側領域に位置し，おもにブロードマン領野の 28 に相当する。宣言記憶に関わる。大脳皮質と海馬の間の入出力のほとんどがこの嗅内野を介して行われる。　　　（平島雅也）

共感覚 （synesthesia）［トピック 3］

「数字を見て色が知覚される」など，ある知覚モダリティによって別のモダリティの知覚体験が生じる現象。音から色，光景から触感，匂いから音など，モダリティの組合せは多様で個人差がある。自動的・不随意的に生じる現象で，連想や想像とは区別され，近年の研究によりその頑強性や神経機構が報告されている。

　　　（高橋康介）

教師付き学習 （supervised learning）［トピック ex］

学習を行うためのデータとして，入力値と目標とすべき出力値の対を与える機械学習手法の総称。入力と出力の関係を学習し，与えられた入力に対して望ましい値に近づける。目標とすべき出力には，カテゴリカルなデータ（例:「リンゴ」「ミカン」

など。ラベルと呼ぶ）を用いる場合と，連続値（例：売上高）を用いる場合もあり，前者を分類，後者を回帰と呼ぶ。 　　　　　　　　　　　　　　　（吉田真一）

教師なし学習（unsupervised learning）[トピック ex]

学習を行うためのデータとして，入力のみを用いる機械学習手法の総称。データを類似した群に分類するクラスタリング，データの分布を推定する確率密度推定，高次元のデータを本質的な部分を残したまま低次元へ変換する手法（例えば，次元削減）などが教師なし学習として扱われる。ニューラルネットワークにおいては，連想記憶モデル，自己組織化マップなどが教師なしニューラルネットワークに分類される。 　　　　　　　　　　　　　　　　　　　　　　　　　　　　　（吉田真一）

クオリア（qualia）[トピック 3]

夕焼けを見たとき，歯が痛いとき，トランペットの音色を聞いたときなど，知覚に伴う主観的な体験の質のこと。言語化不可能（ineffable）であり，他者と共有することができない私秘的（private）な感覚である。 　　　　　　　（大泉匡史）

クロノスタシス錯覚[23]（chronostasis illusion）[トピック 7]

時計の秒針に素早く目を向けたときに，その秒針が一瞬止まったかのように感じられる**錯覚**。stop clock illusion とも呼ばれる。**サッカード**（急速眼球運動）の最中は視覚情報処理が抑制されている（**サッカード抑制**）。目を向けた後の視覚入力によってサッカード抑制中の視覚情報を補うため，その分，時間が延長して感じられるためと考えられている。 　　　　　　　　　　　　　　　　　　　　（羽倉信宏）

経頭蓋磁気刺激法（transcranial magnetic stimulation, TMS）[トピック 19]

パルス磁場による誘導電流を用いて脳を刺激する方法。頭部に置いたコイルに高電流高電圧パルスを流すと磁束が生じ，それは頭蓋骨を通り抜け脳にまで及ぶ。そこで生じる誘導電流によって痛みを伴わずに脳を刺激することができる。例えば，**一次運動野**に TMS を施すとその脳領域が神経支配している筋が賦活され，運動が誘発される。また，TMS は一過性の脳機能阻害刺激としても用いられる。例えば，非利き手と対側の**背側運動前野**に TMS を施すと複雑な両手協調動作を大きく阻害することが報告されている[24]。 　　　　　　　　　　　　　　　　（関口浩文）

幻　聴（auditory hallucination）[トピック 13]

聴覚の幻覚で，実際には存在しない音や声を体験している状況を指す。**統合失調症**患者に見られる症状の一つで，自己由来感覚と外部由来感覚の区別に関する障害がその原因であることが示唆されている[25]。 　　　　　　　　　　　（阿部匡樹）

行為主体感（sense of agency）[トピック 19]

意図的な行為に伴う出来事を引き起こしている主体は自分であるという感覚。例えば，手でものを押して動いたときに生じる「自分がものを動かしている」という感覚を指す。 　　　　　　　　　　　　　　　　　　　　　　　　　　　　（吉江路子）

後頭頂野（posterior parietal cortex）［トピック 10, 24, マップ⑫（p. 199）］
　中心後溝の後方に位置し，**ブロードマン領野**の 5, 7, 39, 40 に相当する。頭頂連合野と呼ばれることもある。視覚，**体性感覚**，聴覚など複数の感覚情報の集約と統合が行われ，自己と外界についての情報を構成する。さらに**運動前野**とネットワークを形成し，感覚情報から運動への変換過程に関わる。そのほか，注意の制御や言語機能などさまざまな高次機能に関わる。　　　　　　　　　　　　　　　　（門田宏）

後頭葉（occipital lobule）［← **V4**，**小脳**，マップ⑬（p. 199）
　→**大脳皮質**

合理的経済人（homo economics）［トピック 18］
　自己利益を最大化するために，合理的に判断し行動する主体。多くの近代経済モデルの基礎となっている。　　　　　　　　　　　　　　　　　　　　　　（渡邊克巳）

後効果（after–effect）［トピック 10］
　例えば，**到達運動**で新奇な環境（外力や視覚 – 運動変換）を学習した後に，実験の参加者に気づかれないようにその環境を解除すると，パフォーマンスに誤差が生じる[26]。この誤差は参加者が学習した環境を**予測**して，それをうまく補償するように運動していることの表れであり，参加者が，その新奇な環境を学習できたかどうかの指標となる。　　　　　　　　　　　　　　　　　　　　　　　　　　（門田宏）

誤差逆伝播法（error backpropagation）［トピック ex］
　階層型ニューラルネットワークの重み学習法として，Rumelhart ら[27]により 1986 年に提唱された手法である。1960 年代にニューラルネットブームを起こしたパーセプトロンでは教師データとニューラルネットワークの出力誤差から，勾配（微分）を用いて誤差が効果的に低下するよう重みの修正を行ったが，多層の中間層での重みを修正できなかった。誤差逆伝播法は，シグモイド関数の微分が簡便に表される性質を利用し，すべてのニューロンの誤差の修正を可能にした。　　　　（吉田真一）

骨相学（phrenology）［トピック 24］
　頭蓋骨の形状に能力や性格が表れるとする学説。頭蓋骨を触診し，個人の特性を評価する。19 世紀に隆盛するが，大脳生理学の発展により現在では疑似科学の代表格とされている。代表的な骨相学者はガル（F. J. Gull, 1758–1828）。　　（荒牧勇）

コンソリデーション（consolidation）［トピック 10］
　時間の経過に伴って**記憶**がより安定な状態へ固定化される現象。コンソリデーションが起こることによって，**逆向干渉**に対する抵抗力を持つので，後からほかのことを学習しても最初に覚えたことを忘れない[28]。　　　　　　　　　　　　（門田宏）

≪さ行≫

再生法 （recall method）［トピック 14］

例えば，複数の単語を**記憶**し，適当な時間経過の後に記憶した語を思い出す，といった手続き。提示順序は問わず，自由に再生する方法は自由再生法とされている。

（小野史典）

錯　視 （visual illusions）［トピック 8］

錯覚の中でも，特に視覚において生じるものをいう。線分の長さが実際とは異なって見えるという有名なミュラー・リヤー錯視をはじめ，多くの種類が存在している。

（山田祐樹）

サクセスフル・エイジング （successful aging）［トピック 22］

老年期において，生きがいを持ち，充実した人生を送ることができていること[29]。サクセスフル・エイジングを達成するための目標として，疾病や障害の回避，身体的・**認知**的機能を高いレベルで維持すること，そして社会や生産活動に継続的に参加していくという三つが挙げられている[30]。

（井隼経子）

させられ体験 （delusion of control）［トピック 13］

自身で行っている行為，もしくはそれによって生じた感覚であるにもかかわらず，あたかもそれらが他者などの外因的な影響によって生じた（させられた）と感じる妄想[31]。**統合失調症**患者にみられる典型的な症状の一つで，自我の能動性に関する障害と考えられる。

（阿部匡樹）

錯　覚 （illusion）［トピック 4，5，7，8，19］

対象が物理的事実とは異なって知覚されること。いわゆる勘違いや間違いとは異なり，特定の条件下で安定して生じる現象である。脳の情報処理容量は有限であり，実環境からの情報のすべてを処理することはできない。そのため，脳は対象を的確に知覚するためになんらかの推論や最適化を行っているはずであり，それが，特定の条件下で物理的事実と一致しない知覚を生じさせている原因だと考えられる。ひるがえせば，錯覚は，脳が知覚を形成する仕組みを探るための手掛りとなる。

（山田祐樹）

サッカード （saccade）［トピック 7］

眼球を動かす定型的な運動様式の一つ。視対象に向けて視点を素早く移動するための眼球運動。「急速眼球運動」とも呼ばれる。運動の特徴として，運動速度の時間変化がスムースなベルシェイプ（釣鐘型）を描く。視対象に向けてこのサッカードをすることで，網膜上で最も解像度の高い中心窩に素早く視対象を投影することができる。

（羽倉信宏）

サッカード抑制 （saccadic suppression）［トピック 7］

サッカードの最中に視覚情報処理が抑制される現象。網膜に投影される像が，サッ

カードに伴って突然大きく変化する事象を視知覚から除外することで，視知覚を安定したものにする機能があると考えられる。　　　　　　　　　　　　（羽倉信宏）

ジェームス・ランゲ説（James–Lange theory）［トピック 17, 20］

William James と Carl Lange の二人が別々に提唱した**感情**に関する仮説。感情体験には生理的覚醒，血流変化，骨格筋や内臓などの変化といった身体的反応が先行するとされ，感情はその後に**意識**的に体験されるという。　　　　　　（山田祐樹）

視覚像再構成（visual image reconstruction）［トピック 25］

脳活動パターンから人が見ている視覚像をそのまま画像として再構成すること。
　　　　　　　　　　　　　　　　　　　　　　　　　　　　　　　　（宮脇陽一）

視覚探索（visual search）［トピック 3］

認知課題の一つ。複数の妨害刺激の中から標的刺激を見つけるまでの探索に要する時間を測定することで，視覚的注意の特性などを調べる。　　　　　　（高橋康介）

時間再生課題（time reproduction task）［トピック 1］

提示された時間の長さを，キー押しなどの動作によって参加者が再び作り出す方法。
　　　　　　　　　　　　　　　　　　　　　　　　　　　　　　　　（小野史典）

磁気共鳴画像法（magnetic resonance imaging, MRI）［トピック 3, 24］

非侵襲的に人体内部の組織を可視化する手法。人体には水素原子核が豊富に含まれているが，各組織に存在する水素原子核の状態は，それぞれ異なっている。MRI は，その組織ごとの水素原子核の状態の違いを強い磁場の中に置かれた人体にラジオ波を照射することで検出し画像化する。MRI を使えば，**灰白質**や**白質**といった脳組織の違いだけでなく，脳の配線構造（**トラクトグラフィー解析**）や血管配置，脳活動の状態（**機能的磁気共鳴画像法**，fMRI）など，脳の構造と機能に関するさまざまな情報を画像として得ることができる。　　　　　　　　　　　　（荒牧勇）

刺激欲求性（sensation seeking）［トピック 23］

刺激的な出来事を好む**パーソナリティ**特性。この特性が高い人々は，新奇で，複雑で，強い，多様な刺激を追い求め，たとえ危険や損害の可能性があったとしても，刺激を経験すること自体に喜びを見出す[32]。このような人々は，例えば，薬物使用，危険運転，異常な性的行為などを好みやすい。　　　　　　　　　　　　（井隼経子）

思　考（thinking）［トピック 5, 14, 20, 25, ex］

内的になされる精神活動であり，対象となる事象について考えを巡らせ，得られた知識，情報，表象の体制化や再編を行うこと。これによって考えの創出，創造，洞察，推理・推論，理解，**記憶**などがなされる。　　　　　　　　　　　（山田祐樹）

自己知覚理論（self–perception theory）［トピック 18］

自己の内的な状態の知覚が，他人の内的状態の推論と同一の（あるいは類似した）

過程によるという理論[33]。私たちは，他者の態度や**感情**を他者の行動から推測する。AさんがBさんに対して親切にしている場合，私たちはたびたびAさんがBさんに好意を抱いていると知覚する。自己知覚理論では，他者だけではなく自己の内的状態についても自分の行動を基に判断していると考えられている。例えば，ある人のことを手助けすることによって，自分がその手助けした人のことが好きであると感じるというのがこれに当たる。 (渡邊克巳)

自己符号化器 (autoencoder) ［トピック ex］

学習に用いる訓練データとして，入力と出力に同じものを用いたニューラルネットモデルを自己符号化器と呼ぶ。入力層，出力層，そして中間層を1層持つモデルであり，入力層のデータを出力層からそのまま出力するように訓練される。隠れ層（中間層）は，入力層・出力層よりも少ないニューロン数とし，学習後の隠れ層には，入力データを少ないニューロンで符号化した表現が現れる。**深層学習**での事前学習に広く用いられている。 (吉田真一)

視　床 (thalamus) ［トピック 17，マップ⑭ (p. 199)］

大脳と中脳の間にある間脳に位置し，おもに嗅覚を除く感覚入力を**大脳皮質**や大脳基底核に中継する機能を担う。大脳皮質から視床への逆投射もあることから，単なる中継点としてだけではなく，注意や刺激の**意識**的気づきなどにも関係しているともいわれる。 (渡邊克巳)

視床下部 (hypothalamus) ［トピック 17，マップ⑮ (p. 199)］

生存本能の機能が集まる間脳にあり，おもに自律神経系と内分泌系の調節，および本能行動，**大脳皮質**と辺縁系と連携した情動行動の調節などを司る役割を担う。 (渡邊克巳)

視線手がかり効果 (gaze–cuing effect) ［トピック 2］

観察対象の顔の視線方向に自動的に観察者の注意が移動し，その視線の先にある標的を素早く検出できる現象。 (高橋康介)

集団的意思決定 (collective decision–making) ［トピック 16］

合議（二人以上の人間が集まって相談すること）による**意思決定**。研究の焦点はおもに「集団的意思決定が構成要因である各個人の意思決定よりも優れた結論になるか否か」であるが，集団内の最も優れた個人の決定を上回るケースは少ない[34]。 (阿部匡樹)

呪術思考 (magical thinking) ［トピック 23］

本来ならば因果的つながりが認められないはずの事象に対し，因果関係を想定する信念のこと[35]。 (井隼経子)

順モデル (forward model) ［トピック 6，11］

→内部モデル

小 脳 (cerebellum) [トピック 6, 10, マップ⑯ (p. 199)]

後頭葉の下方に位置する。その体積は脳全体の 10％にも満たないが，神経細胞の半数以上がここに存在する。運動出力の調節や運動技能の学習に関わっていることが知られており，運動制御のための**内部モデル**の神経基盤が，この小脳にあるとも考えられている[36)~38)]。また，言語やそのほかの**認知**機能に関わっていることも知られている。 (宮崎真)

人工ニューラルネットワーク (artificial neural network) [トピック ex]

神経系の情報伝達の特性を計算機などで模擬することにより，おもに「学習」を中心とする情報処理を行うための数学モデル。単にニューラルネットワークと呼ぶ場合も多いが，生体の神経回路とは異なるところも多く，これと区別するために人工ニューラルネットワークと呼ぶ。マッカロク・ピッツの形式的ニューロンのモデル[39)]に始まり，人工知能の歴史とともに発展してきたといっても過言ではなく，近年の人工知能の興隆も**深層学習**[40)]という新たなニューラルネットワークの学習技術の登場によるところが大きい。 (吉田真一)

深層学習 (deep learning) [トピック ex]

多層ニューラルネットを 3 層以上（入力層を含めると 4 層以上）にした機械学習手法の総称を深層学習と呼び，多くの学習モデルが提案されている。例えば，**自己符号化器**などで教師なしの事前学習を行い，**誤差逆伝播法**による**教師付き学習**を行うものや，入力層から数～数十層の畳み込み層を置き，出力層に近い 1～2 層は全結合のネットワークとするものなどがある。近年注目されている後者の「畳み込みニューラルネット (convolutional neural network, CNN)」の源流は福島のネオコグニトロン[41)]にさかのぼる。 (吉田真一)

身体所有感 (sense of ownership) [トピック 19]

行為や感覚を経験している身体は，自分に属しているという感覚。例えば，運動行為に伴う「動いているのは自分の身体である」という感覚を指す。その運動が自分の意思によるものでなかったとしても，身体所有感は生じうる。 (吉江路子)

身体特異性仮説 (body-specificity hypothesis) [トピック 20]

身体中心座標系に基づいた上下左右空間へ，快不快の**感情**がそれぞれ特有の形でマッピングされるという仮説[42)]。上には快感情，下には不快感情が配置される。また，左右に対しては右利きの人では右に快感情，左に不快感情が配置され，左利きの人ではそれが逆転する。そのマッピングには身体の動作についての流暢性が仲立ちしていると考えられている。 (山田祐樹)

心的外傷後ストレス障害 (post-traumatic stress disorder : PTSD) [トピック 17]

非常に強い情動（特に恐怖）を体験することにより，心的外傷（トラウマ）を受けることによって起きる，さまざまな心的・身体的なストレス障害。 (渡邊克巳)

心理測定関数（psychometric function）［トピック 16］
　光，音，振動などの感覚刺激の物理量と，それに対する主観的な感覚量の関係を関
数として表現したもの。検知や弁別が可能となる感覚刺激の物理量（感覚閾値）や
感覚刺激の物理量と主観的な感覚量の違いなどを定量的に評価する際に用いられ
る。　　　　　　　　　　　　　　　　　　　　　　　　　　　　　　　　（阿部匡樹）

心理的リアクタンス理論（psychological reactance theory）［トピック 15］
　人間は自由が脅かされると不快な**感情**状態に陥り，失った自由を取り戻そうとする。
この考えに基づいて，心理的リアクタンス理論では人間はできる限り多くの選択肢
を確保したいという欲求を持つ，とされる[43]。　　　　　　　　　　　　　（有賀敦紀）

随意運動（voluntary movement）[44]［←**運動麻痺，到達運動**］
　自らの意思によって行う運動のこと。手足の運動だけではなく，眼球運動，表情の
表現などあらゆる身体部位の運動を含む。これにより自ら意図した行動の目的を達
成するだけでなく，他者とコミュニケーションをとり，社会生活を送ることができ
る。　　　　　　　　　　　　　　　　　　　　　（宮崎真，阿部匡樹，山田祐樹）

脊髄損傷（spinal cord injury）［トピック 12］
　脊髄が障害されること。脊髄には，骨格筋の運動を支配するニューロンが存在し，
大脳からの運動性下行経路，末梢から脳へ上行する感覚経路が走行している。その
ため，障害される部位によって**運動麻痺**や感覚障害など多様な症状を呈する。
　　　　　　　　　　　　　　　　　　　　　　　　　　　　　（鈴木迪諒・西村幸男）

宣言記憶（declarative memory）［トピック 11］
　昨日の夕飯のメニューや家族の名前など，言語化できる**記憶**のこと。陳述記憶とも
呼ばれる。　　　　　　　　　　　　　　　　　　　　　　　　　　　　　（平島雅也）

前向性健忘（anterograde amnesia）［トピック 11］
　疾患後に起きた事柄に関して新しく**宣言記憶**を形成できない症状。逆に，疾患前に
起きた事柄を思い出すことができない症状を逆向性健忘（retrograde amnesia）と
いう。　　　　　　　　　　　　　　　　　　　　　　　　　　　　　　　（平島雅也）

選好注視法（preferential looking method）［トピック 2］
　乳幼児は実験課題についての教示を理解できないし，自分の意思を言語などによっ
て伝えることもできない。しかし，興味のある画像が目の前にあれば，通常はそれ
を長い時間飽きることなく見ている。このような特性を利用して，乳幼児の**認知**研
究では刺激に対して視線を向けている（注視している）時間を計測して乳幼児の選
好傾向を調べるという選好注視法が用いられている。　　　　　　　　　（高橋康介）

選択盲（choice blindness）［トピック 18］
　いったん自分で選択したものを別のものとすり替えられて確認させられた際に，実
際にはそれを選択しなかったにもかかわらず，それを自分が選択したものと思って

しまう現象。それだけでなく，なぜそれを選んだのかという理由まで作話してしまう。
(渡邊克巳)

前注意過程（preattentive process）［トピック3］

注意を向けることで詳細な**認知**処理が可能になるが，例えば赤色の字の中から緑色の字を探すなど，注意を向けずとも自動的に処理できるものもある。このような処理過程を前注意過程と呼ぶ。
(高橋康介)

前頭葉（frontal lobule）［←**一次運動野，側坐核，中前頭回，ドーパミン，背外側前頭前野**，マップ⑰（p. 199）］
→**大脳皮質**

側坐核（nucleus accumbens）［トピック12，マップ⑱（p. 199）］

大脳の**前頭葉**の腹側内側部に，左右半球対称に一つずつ存在する神経細胞群。報酬や報酬が**予測**されるような出来事に対して応答する[45]。**うつ病**の患者の側坐核に電極を埋め込み電気刺激を与えると，うつ病の症状が改善し，なにかをしたいという意欲が生じるという報告[46]などから「やる気」の中枢であることが示唆されている。
(鈴木迪諒・西村幸男)

側頭頭頂接合部（temporo–parietal junction）［トピック5，マップ⑲（p. 199）］

側頭葉と**頭頂葉**を接合する脳部位であり，身体のバランスを伝える前庭系の入力の処理，および自己を中心に据えた視点の形成，自己と他者の分離，自分の行動や**思考**に対する所有感の形成といった自己に関する処理を行っている。右側の側頭頭頂接合部に不全が生じることで**体外離脱体験**の現象が生じると考えられている[47]。
(黒田剛士)

側頭葉（temporal lobule）［トピック3，5，11，マップ⑳（p. 199）］
→**大脳皮質**

≪た行≫

体外離脱体験（out–of–body experience）［トピック5］

(1) 自分が自分の身体の外にいるという感覚が生じ，(2) 視点が自分の身体から空間的に離れた位置に形成され，(3) その視点から自分の身体を眺めている感覚が得られる現象[47]。健常者では金縛りのような状況で生じるが，脳の特定の部位が損傷することによって生じることも知られている。この現象に関与する脳部位として右**側頭頭頂接合部**が示唆されている。
(黒田剛士)

体外離脱の錯覚（out–of–body illusion）［トピック5］

体外離脱しているかのように，自分の**意識**が自分の身体を離れ，自分の身体を他人のように見ている感覚に陥る**錯覚**[48]。観測者がヘッドマウントディスプレイ越しに自身の背中を見ている状況で，観測者の胸の付近を繰り返し刺激する。これと同じ

タイミングで，もう片方の手で刺激を呈示している（振りをした）動作をディスプレイの下方に映るようにして行うと，この錯覚が生じる。　　　　　　（黒田剛士）

体性感覚（somatesthesia, somatic sensation）［←**一次体性感覚野，感覚フィードバック，後頭頂野，大脳皮質**］

触覚，温度覚，痛覚などの皮膚感覚，および筋，腱，関節などで生じる深部感覚からなる。内臓感覚については，それも含む立場と含まない立場がある。　（宮崎真）

大脳皮質（cerebral cortex）［トピック 17，ex，マップ㉑（p. 199）］

左右二つの大脳半球を覆う**灰白質**の層。人は発達した大脳皮質を有している。大脳皮質のうち表面に位置する新皮質は，コラム構造と層構造（多くが 6 層構造）を有し，計算効率を向上する配置がなされている。巨視的構造としては，大きく四つの脳葉（**前頭葉，頭頂葉，側頭葉，後頭葉**）に分けられ，例えば感覚運動機能に関しては，それぞれに運動，**体性感覚**，聴覚，視覚の処理を担う領野が備わっている。さらに前頭葉の前方部（前頭前野）は高次の**認知**機能に，頭頂葉の後方部（**後頭頂野**）は感覚の統合や空間の認識に関わるなど，大脳皮質の各領域にさまざまな機能が分化している（→脳の**機能局在**）。　　　　　　　　　　　　　　　　（渡邊克巳）

中前頭回（middle frontal gyrus）［トピック 23，マップ㉒（p. 199）］

前頭葉の外側部の広い部分に存在する脳回であり，中心前溝の前部に位置する。機能としては内発的注意と外発的注意の両方の制御に関わるとされている[49]。新奇な情報の検出処理とも関連している。　　　　　　　　　　　　　　　　　（井隼経子）

吊り橋実験（suspension bridge experiment）［トピック 17］

吊り橋を渡るときに出会った異性を魅力的に感じやすくなることを示した実験。恐怖や不安に伴う心拍数の上昇などの生理的変化を，魅力的な異性に出会ったときの反応に誤って帰属することによる効果と考えられている[50]。**ジェームス・ランゲ説**や**感情 2 要因説**による説明がなされることが多い。　　　　　　　　　（渡邊克巳）

手続記憶（non–declarative memory）［トピック 11］

箸の使い方や自転車の乗り方など身体の動かし方に関するもので，言語化が困難な**記憶**のこと。非陳述記憶とも呼ばれる。　　　　　　　　　　　　　　　（平島雅也）

伝達関数（transfer function）［トピック ex］

活性化関数（activation function）とも呼ばれる。**人工ニューラルネットワーク**の各ニューロンの出力部に設定される関数。ニューロンは複数のほかのニューロンが出力した信号を入力し，それらのニューロンとのそれぞれの結合の重みを使った重み付きの総和を得て，さらにこれを伝達関数に入力した結果の出力値をこのニューロンの出力とする。伝達関数には，線形関数，シグモイド関数，ランプ関数（ReLU），しきい値関数，ハイパボリックタンジェントなどがあるが，一般には非線形関数を用いる。　　　　　　　　　　　　　　　　　　　　　　　　　　　　（吉田真一）

統合失調症（schizophrenia）［トピック 13］

思考や**感情**，知覚の異常によって特徴づけられる精神障害の一つ。さまざまな精神機能の障害がみられ，患者によってその症状も異なるが，おもな陽性症状として妄想や幻覚，陰性症状として意欲・活動の低下，外部への無関心などが挙げられる。

（阿部匡樹）

統合情報理論（integrated information theory, IIT）［トピック 26］

Tononi によって提唱された，**意識**を情報の観点から数学的に定量化しようとする理論[51]~[53]。統合情報理論は，意識の現象論から出発し，意識の本質的な性質を公理として定める。そして，それらの本質的な性質を説明するために物理系が満たさなければならない性質を数学的に定式化する。統合情報理論によれば，意識の量と質は物理系の中で統合される情報によって特徴づけられる。 （大泉匡史）

到達運動（reaching）［トピック 7, 10, 11］

目標に向かって手を伸ばす運動。最も基本的な**随意運動**の一つであり，コップを取るなど日常生活でも頻繁に行われる。その手先の軌道はほぼ直線に近く，滑らかな速度変化を示す。運動制御や運動学習の研究でよく用いられる代表的な課題の一つ。

（門田宏・平島雅也）

頭頂葉（parietal lobule）［トピック 3, 5, マップ㉓（p. 199）］

→**大脳皮質**

独自性（uniqueness）［トピック 15］

他者との関係における自身の弁別性・特別性。人間は独自性を追求することで自身の弁別性・特別性に対して満足し，結果的に社会は多様性を生み出すと考えられている[54]。 （有賀敦紀）

ドーパミン（dopamine）［トピック 12］

シナプスにおいて神経細胞間の情報伝達を介在する神経伝達物質の一種。中脳に存在する腹側被蓋野，黒質緻密部から**前頭葉**や**側坐核**へと投射するドーパミン神経は報酬系回路を形成し，意欲，動機，学習などの維持・向上に重要な役割を担っているといわれている。 （鈴木迪諒・西村幸男）

トラクトグラフィー解析（tractography analysis）［トピック 3］

拡散テンソル画像法で推定した**白質**の異方性拡散に基づいて，白質線維の走行を追跡し描出する手法。 （高橋康介）

≪な行≫

内的情報（intrinsic information）［トピック 26］

統合情報理論において提唱された新しい情報の概念で，情報の観測者を系自身と考えたときに，系の内部で生み出すことのできる情報の量[52]。対照的な概念として，

外部の観測者が系を観測することによって得ることのできる情報を外的情報と呼ぶ。通常，私たちが情報という言葉を使うときは後者の意味である。**意識**は主観的な体験である以上，外部の観測者に依存するものではないはずである。したがって，外的情報は意識とは無関係であり，関係があるのは内的情報である。　　　（大泉匡史）

内部モデル　(internal model)[36]~[39]［トピック 6，13］

身体や外部環境の振る舞いを脳内で模すための神経構構。運動制御にあたって，脳から筋に発した**運動指令**に対していかなる運動出力の結果が得られるかを**予測**するタイプの内部モデルを**順モデル**と呼ぶ。この順モデルによる予測により，**感覚フィードバック**が戻ってくる前に外部環境の変化に対して素早い対応が可能となる。一方，意図した運動出力の結果を得るためにいかなる運動指令が必要なのかを計算するタイプの内部モデルを**逆モデル**と呼ぶ。　　　（阿部匡樹，平島雅也，宮崎真）

二重盲検法　(double blind test)［トピック 14］

例えば，投薬の効果を調べる際に，患者と医師の双方に薬の効果を知らせないで薬を投与し，第三者である研究者がその効果の判定を行う方法。偽薬効果（プラセボ効果）の影響を防ぐために行われる。　　　（小野史典）

認　知　(cognition)［トピック 2，14，17，18，20，21，23，24］

事物の認識から知識の獲得や理解などに至るまでの心的処理のことを示す。このことをおもに研究する心理学分野は認知心理学であり，知覚，**記憶**，注意，実行機能，**感情**，理解，言語，行為などのトピックが含まれている。　　　（山田祐樹）

認知的不協和理論　(cognitive dissonance theory)［トピック 18］

自己や状況に対する**認知**や行動に矛盾がある場合（認知的不協和状態）に，人はこの状態を回避するためにさまざまな正当化や行動の変化を起こすという理論。イソップ物語の「すっぱいブドウ」の話が有名な例。内容は，キツネがおいしそうなブドウのなっている木を発見し，食べようとして飛び跳ねるが届かないため，キツネは「あのブドウはきっとすっぱくてまずい」といってその場を去る，というものである。これは「ブドウをほしいが入手できない」という矛盾に対して，「あのブドウはまずいはず（だから去る）」という正当化や行動の変化が起きたと考えることができる。　　　（渡邊克巳）

脳磁図　(magnetoencephalography, MEG)［トピック 2］

脳の神経細胞の電気的な活動により，細胞周囲に磁場が生じる。この微弱な磁場の変化を頭部周囲に設置した超伝導量子干渉計（SQUID）と呼ばれる高感度センサにより計測することで脳の活動を調べることができる。時間解像度に優れる。　　　（高橋康介）

脳情報デコーディング　(neural decoding)［トピック 25］

脳活動パターンに表現される情報を復号化（デコード）すること。脳活動パターン

を入力とし，人の状態（なにを見ているかや，どのような行動をしようとしているかなど）を出力とするコンピュータプログラムを，両者の統計的関係性から学習することで実現されることが多い。　　　　　　　　　　　　　　　　　　（宮脇陽一）

脳の機能局在（localization of brain function）［トピック 3，24］

脳の各部位が，それぞれに異なる機能を担っていること。例えば**大脳皮質**には，視覚野，聴覚野，体性感覚野，**運動野**と呼ばれる領域があり，それぞれに固有の感覚**モダリティ**や身体運動の処理を担っている。古くは，脳損傷患者を対象とした神経心理学的研究によって各脳部位の機能が調べられてきたが，近年，**fMRI** や **PET** といった脳機能画像法の普及により，各脳部位の機能の特定が大きく進展した。

（荒牧勇）

脳　波（electroencephalogram, EEG）［トピック 2］

脳の神経細胞が活動すると，脳内に微弱な電流が流れ，頭表には電位変化として現れる。頭表に取り付けた電極によりこの微弱な電位変化を計測することで脳の活動を調べることができる。時間解像度に優れる。非侵襲性が高く，低拘束であるため大人から乳幼児まで幅広い対象者に計測が可能である。　　　　　　　　　（高橋康介）

≪は行≫

背外側前頭前野（dorsolateral prefrontal cortex）［トピック 10，マップ㉔（p. 199）］

前頭葉において，**一次運動野**や**運動前野**より前方を「前頭前野」という。その前頭前野の背外側面にあたり，**ブロードマン領野**の 9，46 を指すことが多い。ワーキングメモリ，行動の立案，行動の切り替え・抑制，推論などの**認知**的制御・実行機能に関わる。　　　　　　　　　　　　　　　　　　　　　　　　　　　（門田宏）

背側運動前野（dorsolateral premotor cortex）［トピック 10，マップ⑥（p. 199）］

→運動前野

白　質（white matter）［トピック 3，24］

中枢神経系の神経組織でニューロン（神経細胞）の軸索（神経線維）が多く存在する部位。軸索を包む髄鞘がリン脂質を含み **T1 強調画像**では白く見える。（荒牧勇）

パーソナリティ（personality）［トピック 22，23］

私たち個人の**思考**や行動様式に特徴づけられた個人差のこと[55]。パーソナリティに関する理論には種々あるが，中でも類型論と特性論が有名である[56]。類型論とは，ある観点に基づきパーソナリティの型（タイプ）を設定し，個人を各タイプに分類することによってパーソナリティを容易に理解しようとする理論である。特性論とは，パーソナリティを複数の特性で構成されるものであると考え，各特性の量的な違いを測定することで個人差を説明しようとするものである。　　　　　（井隼経子）

パレイドリア（pareidolia）［トピック2］

物体，風景，無意味な模様などが，顔や人の形といったまったく別の意味あるものに見える現象。パレイドリアには，その見えたものの処理に関わる脳部位の活動が伴うことが知られている。例えば，顔のパレイドリアが生じているときには，顔の認識に関わる**紡錘状回顔領域**が活動していることなどが報告されている。

（高橋康介）

般　化（generalization）［トピック1］

ある刺激に条件づけられた反応が，ほかの刺激に対しても生じること。（小野史典）

ビッグファイブ（big five）［トピック22，23］

パーソナリティモデルの一つ。開放性，外向性，誠実性，調和性，神経症傾向の五つの因子でパーソナリティを説明する[57]。　　　　　　　　　　　　（井隼経子）

皮膚ウサギ錯覚（cutaneous rabbit illusion）[58],[59]［トピック4，5］

0.1秒以下などの短い時間間隔で連続する触覚刺激を皮膚上の離れた位置をまたいで呈示すると，参加者にはそれらが相互に引き寄せ合った皮膚位置に感じられる**錯覚**。**ポストディクション**[60],[61]の好例。この触錯覚が生じているとき，**一次体性感覚野**のうち，錯覚を感じた皮膚位置を実際に刺激したときに応答する領域が活動していることが，**fMRI**によって観測されている[62]。その一方で，注意の影響を受けること[63]，両手に持ったスティックの知覚にも生じることが報告されている[64]。

（宮崎真）

皮膚コンダクタンス反応（skin conductance response, SCR）［トピック5］

汗腺活動に伴って一過性に出現する皮膚電気反応を表す測度の一つ。コンダクタンス値（抵抗値の逆数）は，電気の流れやすさを表す。したがって，脅威に対する恐れや不安によって手のひら（足底）に発汗が生じれば，皮膚コンダクタンス値は上昇する。

（竹内成生）

平等バイアス（equality bias）［トピック16］

自分と他者の能力や成績を比較するときにみられる過平等の傾向。能力が高いほど自分を過小評価し，逆に能力が低いほど自分を過大評価する傾向（ダニング＝クルーガー効果）はその典型例[65]。　　　　　　　　　　　　　　　　　　（阿部匡樹）

腹側運動前野（ventral premotor cortex）［←ミラーニューロン，マップ⑦（p. 199）］

→運動前野

フラッシュラグ効果（flash–lag effect）［トピック8］

運動物体が引き起こす**錯視**の一種。運動中の物体と並んだ位置に静止物体（フラッシュ）が呈示されると，その瞬間の運動物体の位置がフラッシュよりも少し進んだ位置にあるように知覚される。さまざまな視覚特徴を持つ物体を用い，運動の軌道やフラッシュのタイミングなどを操作した条件にて検討されてきた[66]。また位置だ

けでなく，色，輝度，空間周波数，乱雑さ[67]，あるいは音高[68]の連続的変化によっても同様の現象が生じることが報告されている。　　　　　　　　　　（山田祐樹）

ブロードマン領野（Brodmann area, BA）[←一次運動野，一次視覚野，一次体性感覚野，運動前野，角回，下側頭皮質，嗅内野，後頭頂野，背外側前頭前野]

20世紀初頭にドイツの医師Brodmannによって発表され，現在でも広く用いられている**大脳皮質**の領域区分。神経細胞の形態と皮質の層構造に基づき，1から52の番号で区分され（ただし欠番もある），それらの領野のいくつかは，特定の機能と関連づけられる。　　　　　　　　　　　　　　　　　　　　　　　　　（宮崎真）

文　化（culture）[トピック3, 16, 21]

私たちは社会の中で生み出され，世代を越えて積み重ねてきたさまざまな知恵と知識の総体（意味の体系）を使って日々の生活を営んでいる。意味の体系には，法律や宗教の経典のように明文化されているものもあれば，明文化されずに日常生活の一部として存在しているものもある。**文化心理学**ではこうした意味の体系を「文化」と捉えている。　　　　　　　　　　　　　　　　　　　　　　　　　（田中章浩）

文化心理学（cultural psychology）[トピック21]

Shweder[69]はこころが**文化**を作り出すプロセス，そして文化によってこころが作られるプロセスの双方向的な相互構築プロセスを描き出すことが文化心理学の役割であると論じている。いくつかの立場があるが，東アジア文化圏と欧米文化圏の間には人間観[70]，あるいは世界観[71]に大きな違いがあることに着目して，「文化とこころ」の問題を検討する点では共通している。例えばNisbettらの理論では，欧米では**分析的思考**，東アジアでは**包括的思考**が優位であるとしている。　　　（田中章浩）

分析的思考（analytic cognition）[←文化心理学]

ある対象を判断するにあたって，その対象を構成要素に分解して，それら要素どうしの関係性を論理的に明らかにしようとする**思考**のスタイル。この思考法では，対象はそれ以外の情報と切り離される。　　　　　　　　　　　　　　　　（田中章浩）

扁桃体（amygdala）[トピック1, 20, 24, マップ㉕（p. 199）]

大脳辺縁系の一部であり，**側頭葉**の内側に存在する。好き嫌い，快不快の情動反応の処理に関与し，また情動反応の**記憶**に重要な役割を果たし，**海馬**や前頭前野と強く接続している。形状が扁桃（アーモンド）に似ていることからこの名がつけられた。　　　　　　　　　　　　　　　　　　　　（荒牧勇，小野史典，山田祐樹）

方位選択性コラム（orientation tuning column）[トピック25]

大脳皮質表面に対して垂直方向に類似した方位成分に反応する神経細胞が寄り集まってできている柱（コラム）状の構造のこと。**一次視覚野**などでみられる。
　　　　　　　　　　　　　　　　　　　　　　　　　　　　　　　　（宮脇陽一）

包括的思考（holistic cognition）［←文化心理学］
　ある対象を判断するにあたって，その対象だけでなくそれを取り囲む環境や関連する事象，すなわち文脈情報を総合的に利用する**思考**のスタイル。　　　　　（田中章浩）

紡錘状回顔領域（fusiform face area, FFA）［トピック 2，マップ㉖（p. 199）］
　側頭葉に位置する高次視覚野の一部で，顔刺激に対して特に強く反応する場所。高度な視覚的分類に広く関与する脳部位なのか，顔に特化された脳部位なのかという論争がいまだに続いている。　　　　　（高橋康介）

ポストディクション（postdiction）[60],[61]［トピック 4，8，20］
　予測（prediction）の対義語として使われている造語。物理的には後に呈示された刺激が，あたかも時間を逆行するがごとく，それよりも過去の刺激の知覚に影響すること。感覚情報が**意識**にのぼる前になんらかの最適化や補償のための推測が行われているために生じると考えられている。**フラッシュラグ効果**における運動物体の位置の知覚のずれを説明するために用いられて以来[60]，知覚や**認知**の時間逆行作用を表す用語として広く用いられるようになった。訳語として「後測」や「事後測」が用いられる場合もある。　　　　　（山田祐樹，宮崎真，渡邊克巳）

ポストディクティブ（postdictive）［トピック 18］
　→**ポストディクション**

ポップアウト（pop–out）［トピック 3］
　赤色の字の中に一つだけ緑色の字が混ざっている場合など，複数の視覚刺激の中で，ある刺激がほかの刺激と大きく異なる特徴を持っていると，**意識**的に注意を向けなくても瞬時に飛び出して見えるように感じる。このような現象をポップアウトと呼ぶ。ポップアウトが生じる刺激セットは，**視覚探索**課題において刺激数が増えても探索に要する時間が変化しない。　　　　　（高橋康介）

≪ま行≫

ミラーニューロン（mirror neuron）[72]［トピック 9］
　他者の動作を観察したときも，自分が同じ動作を行ったときも活動する神経細胞。Rizzolatti らの研究グループがサルの**腹側運動前野**の F5 という領域で初めて観測した。　　　　　（池上剛）

メタ認知（meta–cognition）［トピック 14，16］
　自分自身の**認知**活動を客観的に認識し，制御すること[73]。自己の心的過程の正しい把握や行動の調整のためだけでなく，他者との適切なコミュニケーションを築くうえでも重要な役割を果たす。　　　　　（阿部匡樹）

モダリティ（modality）［トピック 3，18］
　元来は独立したセンサ入力や独立した情報処理一般を指すが，心理学では，視覚・

聴覚・触覚などの感覚あるいは感覚器を通した処理が，比較的独立していることを表現するときに用いることが多い。感覚間（クロスモーダル，マルチモーダル）相互作用の研究により，モダリティの独立性は絶対的なものではないことが明らかになってきている。 (渡邊克巳)

≪や行≫

陽電子断層撮影法 (positron emission tomography, PET)[74] [トピック 6, 10, 12]

脳の生理学的な活性を測定する脳機能イメージング技術の一つ。陽電子を放出する核種を化合物に標識した放射性薬剤を投与し，陽電子が電子と出会って対消滅する際に発生する消滅放射線を検出し，画像にする。例えば，核種として $15O–H2O$ を使えば，脳内の神経活動による脳血流量の増加を計測できる。放射性薬剤を変えることによって，糖代謝や神経伝達物質のイメージングをも可能にする。

(鈴木迪諒・西村幸男)

予 測 (prediction) [トピック 4, 6〜13]

一般には，将来のことを事前に推し測ること。運動制御における予測については，

→内部モデル (宮崎真)

≪ら行≫

ラバーハンド錯覚 (rubber–hand illusion) [トピック 5]

模型の手を自分の手であるかのように感じてしまう**錯覚**[75]。観測者の手を観測者からは見えない位置に隠して繰り返し刺激を行い，それと同時に観測者の目の前にある模型の手に対して同じ刺激の動作を行う。これにより，触られている感覚が模型の手から得られているという錯覚が生じる。 (黒田剛士)

利己的帰属バイアス (self–serving attributional bias) [トピック 19]

良い結果は自分の行為に，悪い結果は自分と関係のない外的要因に帰属させる傾向。他者から見られているなど，自己**意識**が高まる状況において顕著に見られ[76]，自尊心の維持・向上に寄与していると考えられている。抑うつ傾向のある人は，利己的帰属バイアスが弱いことが示唆されている[77]。 (吉江路子)

レビー小体型認知症 (dementia with Lewy bodies, DLB) [トピック 2]

アルツハイマー病，脳血管性認知症と並んで数が多い認知症の一種。初期段階で複雑な幻視が見えることが特徴的である。 (高橋康介・西尾慶之)

引 用 文 献

1) American Psychiatric Association. (2013). *Diagnostic and statistical manual of mental disorders fifth edition,* DSM–5. Washington, D. C. ：American Psychiatric Association.

2) Geppert, U., & Halisch, F. (2001). Genetic and environmental determinants of traits, motives, self–referential cognitions and volitional control in old age ：First results from the Munich twin study (GOLD). In A. Efklides, J. Kuhl, & R. M. Sorrentino (Eds.), *Trends and Prospects in Motivation Research.* Dordrecht ：Kluewer.

3) Chalmers, D. (1995). Facing up to the problem of consciousness. *Journal of Consciousness Studies, 2,* 200–219.

4) Haggard, P., Clark, S., & Kalogeras, J. (2002). Voluntary action and conscious awareness. *Nature Neuroscience, 5,* 382–385.

5) Haggard, P. (2017). Sense of agency in the human brain. *Nature Reviews Neuroscience, 18,* 196–207.

6) Diener, E. D., Emmons, R. A., Larsen, R. J., & Griffin, S. (1985). The satisfaction with life scale. *Journal of Personality Assessment, 49,* 71–75.

7) 佐藤　弥・魚野　翔太・鈴木　直人 (2010)．情動障害　村上　郁也 (編) イラストレクチャー認知神経科学—心理学と脳科学が説くこころの仕組み—(pp. 212–213)　オーム社

8) Hagura, N., Kanai, R., Orgs, G., & Haggard, P. (2012). Ready steady slow ：Action preparation slows the subjective passage of time. *Proceeding of the Royal Society B ：Biological Sciences. 279,* 4399–4406.

9) 星　英司 (2015)．前頭葉　脳科学辞典　Retrieved from https://bsd.neuroinf. jp/wiki/前頭葉 (2017 年 3 月 24 日)

10) Blakemore, S. J., & Frith, C. (2005). The role of motor contagion in the prediction of action. *Neuropsychologia, 43,* 260–267.

11) 本郷　利憲・廣重　力・豊田　順一 (監修)，小澤　瀞司・福田　康一郎・本間　研一・大森　治紀・大橋　俊夫 (編)(2005)．標準生理学第 6 版 (pp. 359–374)　医学書院

12) Blanke, O., Ortigue, S., Landis, T., & Seeck, M. (2002). Stimulating illusory own–body perceptions. *Nature, 419,* 269–270.

13) Blakemore, S. J., Wolpert, D., & Frith, C. (2000). Why can't you tickle yourself? *Neuroreport, 11,* R11–16.

14) Wolpert, D. M., & Flanagan, J. R. (2001). Motor prediction. *Current Biology, 11,* R729–732.

15) Schachter, S., & Singer, J. (1962). Cognitive, social, and physiological

determinants of emotional state. *Psychological Review, 69*, 379–399.

16) Ekman, P. & Friesen, W. V. (1978). *Facial action coding system : A technique for the measurement of facial movement*. Palo Alto, CA : Consulting Psychologists Press.

17) Tomkins, S. S. (1962). *Affect, imagery, consciousness : Vol. I : The positive affects*. New York, NY : Springer.

18) Kurzweil, R. (2005). *The singularity is near : When humans transcend biology*. New York : Viking. （カーツワイル, R. 井上 健（監訳）, 小野木 明恵・野中 香方子・福田 実（共訳）(2007). ポスト・ヒューマン誕生──コンピュータが人類の知性を超えるとき　NHK 出版）

19) Baum, S. D., Goertzel, B., & Goertzel, T. G. (2011). How long until human–level AI? Results from an expert assessment. *Technological Forecasting and Social Change, 78*, 185–195.

20) Weiner, B. (2006). *Social motivation, justice, and the moral emotions : An attributional approach*. Routledge.

21) Ekman, P. (1972). Universals and cultural differences in facial expressions of emotion. In J. Cole（Ed.）, *Nebraska symposium on motivation, 1971*（pp. 207–282). Lincoln : University of Nebraska Press.

22) Russell, J. A., & Bullock, M. (1986). Fuzzy concepts and the perception of emotion in facial expressions. *Social Cognition, 4*, 309–341.

23) Yarrow, K., Haggard, P., Heal, R., Brown, P., & Rothwell, J.C. (2001). Illusory perceptions of space and time preserve cross–saccadic perceptual continuity. *Nature, 414*, 302–305.

24) van den Berg, F. E., Swinnen, S. P., & Wenderoth, N. (2010). Hemispheric asymmetries of the premotor cortex are task specific as revealed by disruptive TMS during bimanual versus unimanual movements. *Cerebral Cortex, 20*, 2842–2851.

25) Shergill, S. S., Brammer, M. J., Williams, S. C., Murray, R. M., & McGuire, P. K. (2000). Mapping auditory hallucinations in schizophrenia using functional magnetic resonance imaging. *Archives of General Psychiatry, 57*, 1033–1038.

26) Huang, V. S., & Krakauer, J. W. (2009). Robotic neurorehabilitation : A computational motor learning perspective. *Journal of NeuroEngineering and Rehabilitation, 6*, 5.

27) Rumelhart, D. E., Hinton, G. E., & Williams, R. J. (1986). Learning representations by back–propagating errors, *Nature, 323*, 533–536.

28) Brashers–Krug, T., Shadmehr, R., & Bizzi, R. (1996). Consolidation in human motor memory. *Nature, 382*, 252–255.

29) 宮原 洋八・小田 利勝（2007）. 地域高齢者のライフスタイルと運動能力, 生活機能, 社会的属性間との関連　理学療法科学, *22*, 397–402.

30) Rowe, J. W., & Kahn, R. L. (1997). Successful aging. *The Gerontologist, 37,* 433–440.

31) Frith, C. D., Blakemore, S., & Wolpert, D. M. (2000). Explaining the symptoms of schizophrenia : Abnormalities in the awareness of action. *Brain Research Reviews, 31,* 357–363.

32) Norbury, A., & Husain, M. (2015). Sensation–seeking : Dopaminergic modulation and risk for psychopathology. *Behavioural Brain Research, 288,* 79–93.

33) Bem, D. J. (1972). Self–perception theory. In L. Berkowitz (Ed.), *Advances in experimental social psychology* (Vol. 6, pp. 1–62). New York : Academic Press.

34) Kerr, N. L., & Tindale, R. S. (2004). Group performance and decision making. *Annual Review of Psychology, 55,* 623–655.

35) Eckblad, M., & Chapman, L. J. (1983). Magical ideation as an indicator of schizotypy. *Journal of Consulting and Clinical Psychology, 51,* 215–225.

36) Ito, M. (1970). Neurophysiological aspects of the cerebellar motor control system. *International Journal of Neurology, 7,* 162–176.

37) Wolpert, D. M., Miall, R. C., & Kawato, M. (1998). Internal models in the cerebellum. *Trends in Cognitive Sciences, 2,* 338–347.

38) Imamizu, H., Miyauchi, S., Tamada, T., Masaki, Y., Takino, R., Putz, B.,… Kawato, M. (2000). Human cerebellar activity reflecting an acquired internal model of a new tool. *Nature, 403,* 192–195.

39) McCulloch, W. S., & Pitts, W. (1943). A logical calculus of the ideas immanent in nervous activity, *The Bulletin of Mathematical Biophysics, 5,* 115–133.

40) Krizhevsky, A., Sutskever, I., & Hinton, G. E. (2012). ImageNet classification with deep convolutional neural networks. *Advances in neural information processing systems, 25,* 1097–1105.

41) 福島 邦彦 (1979). 位置ずれに影響されないパターン認識機構の神経モデル―ネオコグニトロン― 電子情報通信学会論文誌 A, *J62–A,* 658–665.

42) Casasanto, D. (2009). Embodiment of abstract concepts : Good and bad in right–and left–handers. *Journal of Experimental Psychology : General, 138,* 351–367.

43) Brehm, J. W. (1966). *A theory of psychological reactance.* New York, NY : Academic Press.

44) 蔵田 潔 (2016). 随意運動と不随意運動 脳科学辞典 Retrieved from https://bsd.neuroinf.jp/wiki/ 随意運動と不随意運動 (2017 年 5 月 20 日)

45) Schultz, W., Apicella, P., Scarnati, E., & Ljungberg, T. (1992). Neuronal activity in monkey ventral striatum related to the expectation of reward. *The Journal of Neuroscience, 12,* 4595–4610.

46) Schlaepfer, T. E., Cohen, M. X., Frick, C., Kosel, M., Brodesser, D., Axmacher, N., ... Sturm, V. (2008). Deep brain stimulation to reward circuitry alleviates anhedonia in refractory major depression. *Neuropsychopharmacology, 33*, 368–377.

47) Blanke, O., & Mohr, C. (2005). Out–of–body experience, heautoscopy, and autoscopic hallucination of neurological origin : Implications for neurocognitive mechanisms of corporeal awareness and self consciousness. *Brain Research Reviews, 50*, 184–199.

48) Ehrsson, H. H. (2007). The experimental induction of out–of–body experiences. *Science, 317*, 1048.

49) Corbetta, M., Patel, G., & Shulman, G. L. (2008). The reorienting system of the human brain : From environment to theory of mind. *Neuron, 58*, 306–324.

50) Dutton, D. G., & Aron, A. P. (1974). Some evidence for heightened sexual attraction under conditions of high anxiety. *Journal of Personality and Social Psychology, 30*, 510–517.

51) Tononi, G. (2004). An information integration theory of consciousness. *BMC Neuroscience, 5*, 42.

52) Oizumi, M., Albantakis, L., & Tononi, G. (2014). From the phenomenology to the mechanisms of consciousness : Integrated information theory 3.0. *PLOS Computational Biology, 10*, e1003588.

53) Tononi, G., Boly, M., Massimini, M. & Koch, C. (2016). Integrated information theory : From consciousness to its physical substrate. *Nature Reviews Neuroscience, 17*, 450–461.

54) Snyder, C. R., & Fromkin, H. L. (1980). *Uniqueness : The human pursuit of difference.* New York, NY : Plenum Press.

55) American Psychological Association. Psychology Topics : Personality. American Psychological Association. Retrieved from http://www.apa.org/topics/personality/index.aspx (March 20, 2017)

56) 二宮 克美・浮谷 秀一・堀毛 一也・安藤 寿康・藤田 主一・小塩 真司・渡邉 芳之 (編)(2013). パーソナリティ心理学ハンドブック　福村出版

57) Goldberg, L. R. (1993). The structure of phenotypic personality traits. *American Psychologist, 48*, 26–34.

58) Geldard, F. A., & Sherrick, C. E. (1972). The cutaneous "rabbit" : A perceptual illusion. *Science, 178*, 178–179.

59) Geldard, F. A. (1982). Saltation in somesthesis. *Psychological Bulletin, 92*, 136–175.

60) Eagleman, D. M., & Sejnowski, T. J. (2000). Motion integration and postdiction in visual awareness. *Science, 287*, 2036–2038.

61) Yamada, Y., Kawabe, T., & Miyazaki, M. (Eds.). (2015). *Awareness shaping or

shaped by prediction and postdiction. Lausanne：Frontiers Media SA.

62) Blankenburg, F., Ruff, C. C., Deichmann, R., Rees, G., & Driver, J. (2006). The cutaneous rabbit illusion affects human primary sensory cortex somatotopically. *PLoS Biology, 4,* e69.

63) Kilgard, M. P., & Merzenich, M. M. (1995). Anticipated stimuli across skin. *Nature, 373,* 663.

64) Miyazaki, M., Hirashima, M., & Nozaki, D. (2010). The "cutaneous rabbit" hopping out of the body. *The Journal of Neuroscience, 30,* 1856–1860.

65) Kruger, J., & Dunning, D. (1999). Unskilled and unaware of it：How difficulties in recognizing one's own incompetence lead to inflated self–assessments. *Journal of Personality and Social Psychology, 77,* 1121–1134.

66) Hubbard, T. L. (2014). The flash–lag effect and related mislocalizations：Findings, properties, and theories. *Psychological Bulletin, 140,* 308–338.

67) Sheth, B. R., Nijhawan, R., & Shimojo, S. (2000). Changing objects lead briefly flashed ones. *Nature Neuroscience, 3,* 489–495.

68) Alais, D., & Burr, D. (2003). The "flash–lag" effect occurs in audition and cross–modally. *Current Biology, 13,* 59–63.

69) Shweder, R. A. (1991). Cultural psychology：What is it? In R. A. Shweder (Ed.), *Thinking through culture：Expeditions in cultural psychology* (pp. 73–110). Cambridge, MA：Harvard University Press.

70) Markus, H., & Kitayama, S. (1991). Culture and the self：Implications for cognition, emotion, and motivation. *Psychological Review, 98,* 224–253.

71) Nisbett, R. E., Peng, K., Choi, I., & Norenzayan, A. (2001). Culture and systems of thought：Holistic versus analytic cognition. *Psychological Review, 108,* 291–310.

72) Rizzolatti, G., Fogassi, L., & Gallese, V. (2001). Neurophysiological mechanisms underlying the understanding and imitation of action. *Nature Review Neuroscience, 2,* 661–670.

73) Schraw, G. (1998). Promoting general metacognitive awareness. *Instructional Science, 26,* 113–125.

74) 亀山 征史・村上 康二 (2015). PET　里宇 明元・牛場 潤一（監修）　神経科学の最前線とリハビリテーション　脳の可塑性と運動 (pp. 107–110)　医歯薬出版

75) Botvinick, M., & Cohen, J. (1998). Rubber hands 'feel' touch that eyes see. *Science, 391,* 756.

76) Federoff, N. A., & Harvey, J. H. (1976). Focus of attention, self–esteem, and the attribution of causality. *Journal of Research in Personality, 10,* 336–345.

77) Kuiper, N. A. (1978). Depression and causal attributions for success and failure. *Journal of Personality and Social Psychology, 36,* 236–246.

参 考 資 料

1. American Psychiatric Association. (2013). *Diagnostic and statistical manual of mental disorders fifth edition,* DSM–5. Washington, D. C.：American Psychiatric Association.

2. Baumeister, R. F., & Bushman, B. J. (2011). *Social psychology & human nature* (2nd ed.). San Francisco, CA：Cengage.

3. Baumeister, R. F., & Vohs, K. D. (2007). *Encyclopedia of social psychology.* Thousand Oaks, CA：Sage.

4. Beaumont, J. G., Kenealy, P. M., & Rogers, M. J. C. (Eds.). (1996). *The blackwell dictionary of neuropsychology.* Oxford：Blackwel Publisher Ltd. (ボーモント, J. G.・ケニーリ, P. M.・ロジャース, M. J.（編）岩田　誠・河内　十郎・河村　満（監訳）(2007). 神経心理学事典　医学書院)

5. Bradley, G. W. (1978). Self–serving biases in the attribution process：A reexamination of the fact or fiction question. *Journal of Personality and Social Psychology, 36,* 56–71.

6. Cahill, L., & McGaugh, J. L. (1998). Mechanisms of emotional arousal and lasting declarative memory. *Trends in Neurosciences, 21,* 294–299.

7. Cialdini, R. B. (1993). *Influence：Science and practice.* New York, NY：Harper Collins.（チャールディーニ, R. B. 社会行動研究会（訳）(2014). 影響力の武器　誠信書房)

8. Corkin, S. (2013). *Permanent present tense：The unforgettable life of the amnesic patient, H. M..* New York：Basic Books.（コーキン, S. 鍛原　多惠子（訳）(2014). ぼくは物覚えが悪い：健忘症患者Ｈ・Ｍの生涯　早川書房)

9. Festinger, L. (1957). *A Theory of Cognitive Dissonance.* California：Stanford University Press（フェスティンガー, L. 末永　俊郎（監訳）(1965). 認知的不協和の理論―社会心理学序説　誠信書房)

10. Gallagher, S. (2000). Philosophical conceptions of the self：Implications for cognitive science. *Trends in Cognitive Sciences, 4,* 14–21.

11. Haggard, P., & Eitam, B. (Eds.). (2015). *The sense of agency.* New York：Oxford University Press.

12. Kandel, E. R., Schwartz, J. H., Jessell, T. M., Siegelbaum, S. A., & Hudspeth, A. J. (Eds.). (2012). *Principles of neural science* (5th ed.). New York：McGraw–Hill Education.（カンデル, E. R.・シュワルツ, J. H.・イェッセル, T. M.・シーゲルバウム, S. A.・ハズペス, A. J.（編）金澤　一郎・宮下　保司（監訳）(2014). カンデル神経科学　第5版　メディカル・サイエンス・インターナショナル)

13. Moore, J. W., & Obhi, S. S. (2012). Intentional binding and the sense of agency：A review. *Consciousness and Cognition, 21,* 546–561.

14. Nijhawan, R.（2008）. Visual prediction : Psychophysics and neurophysiology of compensation for time delays. *Behavioral and Brain Sciences, 31*, 179–198（discussion 198–239）.

15. Pryse–Phillips, W.（1995）. *Companion to clinical neurology*. Boston : Little, Brown & Company.（プライス–フィリップス，W. 伊藤 直樹・岩崎 祐三・田代 邦雄（監訳）（1999）. 臨床神経学辞典　医学書院）

16. Ramachandran, V. S., & Blakeslee, S.（1998）. *Phantoms in the brain : Probing the mysteries of the human mind*. New York : William Morrow.（ラマチャンドラン，V. S.・ブレイクスリー，S. 山下 篤子（訳）（1999）. 脳のなかの幽霊　角川書店）

17. Shadmehr, R., & Mussa–Ivaldi, S.（2012）. *Biological learning and control : How the brain builds representations, predicts events, and makes decisions*. Cambridge, MA : The MIT Press.

18. Sternad, D.（Ed.）.（2008）. Progress in motor control, a multidisciplinary perspective. *Advances in Experimental Medicine and Biology, 629*. New York : Springer Verlag.

19. VandenBos, G. R.（Ed. in chief）.（2007）. *APA Dictionary of Psychology*. Washington DC : American Psychological Association, USA.（フェンデボス，G.R.（監修）　繁桝 算男・四本 裕子（監訳）（2013）. APA 心理学大辞典　培風館）

20. World Health Organization.（1992）. *The ICD–10 classification of mental and behavioural disorders : Clinical descriptions and diagnostic guidelines*. Geneva : World Health Organization.（世界保健機関　融 道男・中根 允文・小見山 実・岡崎 祐士・大久保 善朗（監訳）（2005）. ICD–10 精神および行動の障害―臨床記述と診断ガイドライン―　医学書院）

21. Yong, E.（2011）. Master of illusion. *Nature, 480*, 168–170.

22. 飛鳥井 望（監修）（2007）. PTSD とトラウマのすべてがわかる本（健康ライブラリーイラスト版）　講談社

23. 大築 立志（1988）.「たくみ」の科学　朝倉書店

24. 大山 正（監修），村上 郁也（編）（2011）. 心理学研究法1　感覚・知覚　誠信書房

25. 亀田 達也・村田 光二（2010）. 複雑さに挑む社会心理学（改定版）　有斐閣アルマ

26. 北澤 茂（2010）. 体性感覚・運動　村上 郁也（編）イラストレクチャー認知神経科学―心理学と脳科学が説くこころの仕組み―（pp. 125–142）　オーム社

27. 鈴木 直人（編）（2007）. 朝倉心理学講座10　感情心理学　朝倉書店

28. 田岡 三希（2013）. 頭頂連合野　脳科学辞典　Retrieved from https://bsd.neuroinf.jp/wiki/頭頂連合野（2017 年 3 月 24 日）

29. 竹原 卓真・野村 理朗（編著）（2004）.『顔』研究の最前線　北大路書房

30. 中山 義久・星 英司（2015）．運動前野　脳科学辞典　Retrieved from https://bsd.neuroinf.jp/wiki/ 運動前野（2017 年 3 月 24 日）

31. 中山 遼平・四本 裕子（2012）．メタ認知　脳科学辞典　Retrieved from https://bsd.neuroinf.jp/wiki/ メタ認知（2016 年 9 月 30 日）

32. 納家 勇治（2012）．嗅内野　脳科学辞典　Retrieved from https://bsd.neuroinf.jp/wiki/ 嗅内野（2017 年 8 月 7 日）

33. 日本認知科学会（編）(2002)．認知科学辞典　共立出版

34. 羽倉 信宏（2015）．自分自身の身体を感じるための脳内メカニズム　細胞工学, *34*, 653–657.

35. 橋本 照男・入來 篤史（2012）．体性感覚　脳科学辞典　Retrieved from https://bsd.neuroinf.jp/wiki/ 体性感覚（2016 年 9 月 28 日）

36. 増田 貴彦・山岸 俊男（2010）．文化心理学（上）（下）　培風館

37. 山岸 俊男（編著）(2014)．フロンティア実験社会科学 7　文化を実験する　勁草書房

38. 渡邊 正孝（2013）．前頭前野　脳科学辞典　Retrieved from https://bsd.neuroinf.jp/wiki/ 前頭前野（2017 年 3 月 24 日）

キーワード脳部位マップ

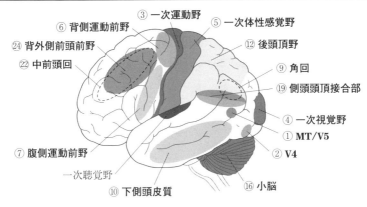

③ 一次運動野
⑥ 背側運動前野
⑤ 一次体性感覚野
㉔ 背外側前頭前野
⑫ 後頭頂野
㉒ 中前頭回
⑨ 角回
⑲ 側頭頭頂接合部
④ 一次視覚野
① MT/V5
⑦ 腹側運動前野
② V4
一次聴覚野
⑩ 下側頭皮質
⑯ 小脳

図1　外側面

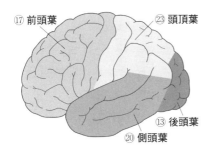

⑰ 前頭葉
㉓ 頭頂葉
⑬ 後頭葉
⑳ 側頭葉

図2　㉑ 大脳皮質：四つの脳葉

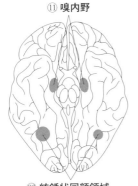

⑪ 嗅内野

㉖ 紡錘状回顔領域

図3　底　面

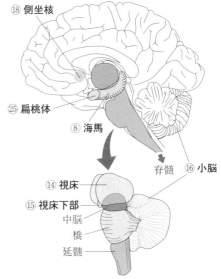

⑱ 側坐核
㉕ 扁桃体
⑧ 海馬
脊髄
⑯ 小脳
⑭ 視床
⑮ 視床下部
中脳
橋
延髄

図4　内側面

日常と非日常からみる こころと脳の科学
Science of Mind and Brain: Perspectives from the Daily and the Extraordinary
ⓒ Miyazaki, Abe, Yamada et al. 2017

2017 年 10 月 20 日　初版第 1 刷発行　　　　　　　　　　　　　　　　　★
2018 年 10 月 15 日　初版第 3 刷発行

検印省略	編 著 者	宮　　崎　　　　真
		阿　部　匡　樹
		山　田　祐　樹
		ほか
	発 行 者	株式会社　コ ロ ナ 社
		代 表 者　牛 来 真 也
	印 刷 所	三 美 印 刷 株 式 会 社
	製 本 所	有限会社　愛 千 製 本 所

112–0011　東京都文京区千石 4–46–10
発 行 所　株式会社　コ ロ ナ 社
CORONA PUBLISHING CO., LTD.
Tokyo Japan
振替 00140–8–14844 · 電話(03)3941–3131(代)
ホームページ　http://www.coronasha.co.jp

ISBN 978–4–339–07814–5　C3040　Printed in Japan　　　　　　（新井）

音響サイエンスシリーズ

（各巻A5判）

■日本音響学会編

定価は本体価格+税です。
定価は変更されることがありますのでご了承下さい。

図書目録進呈◆

技術英語・学術論文書き方関連書籍

ネイティブスピーカーも納得する技術英語表現
福岡俊道・Matthew Rooks 共著
A5／240頁／本体3,100円／並製

科学英語の書き方とプレゼンテーション（増補）
日本機械学会 編／石田幸男 編著
A5／208頁／本体2,300円／並製

続 科学英語の書き方とプレゼンテーション
－スライド・スピーチ・メールの実際－
日本機械学会 編／石田幸男 編著
A5／176頁／本体2,200円／並製

マスターしておきたい　技術英語の基本
－決定版－
Richard Cowell・佘　錦華 共著
A5／220頁／本体2,500円／並製

いざ国際舞台へ！　理工系英語論文と口頭発表の実際
富山真知子・富山　健 共著
A5／176頁／本体2,200円／並製

科学技術英語論文の徹底添削
－ライティングレベルに対応した添削指導－
絹川麻理・塚本真也 共著
A5／200頁／本体2,400円／並製

技術レポート作成と発表の基礎技法（改訂版）
野中謙一郎・渡邉力夫・島野健仁郎・京相雅樹・白木尚人 共著
A5／166頁／本体2,000円／並製

Wordによる論文・技術文書・レポート作成術
－Word 2013/2010/2007 対応－
神谷幸宏 著
A5／138頁／本体1,800円／並製

知的な科学・技術文章の書き方
－実験リポート作成から学術論文構築まで－
中島利勝・塚本真也 共著
A5／244頁／本体1,900円／並製

日本工学教育協会賞
（著作賞）受賞

知的な科学・技術文章の徹底演習
塚本真也 著

工学教育賞（日本工学教育協会）受賞

A5／206頁／本体1,800円／並製

定価は本体価格＋税です。
定価は変更されることがありますのでご了承下さい。

図書目録進呈◆